Patrick Bianchi
Gregoire Michoud
Daniele Daffonchio

Caracterização da degradação bacteriana de hidrocarbonetos no Mar Vermelho

Patrick Bianchi
Gregoire Michoud
Daniele Daffonchio

Caracterização da degradação bacteriana de hidrocarbonetos no Mar Vermelho

ScienciaScripts

Imprint

Any brand names and product names mentioned in this book are subject to trademark, brand or patent protection and are trademarks or registered trademarks of their respective holders. The use of brand names, product names, common names, trade names, product descriptions etc. even without a particular marking in this work is in no way to be construed to mean that such names may be regarded as unrestricted in respect of trademark and brand protection legislation and could thus be used by anyone.

Cover image: www.ingimage.com

This book is a translation from the original published under ISBN 978-620-2-31323-0.

Publisher:
Sciencia Scripts
is a trademark of
Dodo Books Indian Ocean Ltd. and OmniScriptum S.R.L publishing group

120 High Road, East Finchley, London, N2 9ED, United Kingdom
Str. Armeneasca 28/1, office 1, Chisinau MD-2012, Republic of Moldova, Europe
Printed at: see last page
ISBN: 978-620-7-96683-7

RESUMO

Os procariotas são actores-chave nos ciclos biogeoquímicos que são fundamentais para o ciclo global dos nutrientes. A caraterização das comunidades microbianas e dos isolados pode melhorar a compreensão desses ciclos. Podem ser descobertos processos bioquímicos potencialmente novos em ambientes específicos com caraterísticas únicas. O Mar Vermelho pode ser considerado um laboratório natural único devido à sua hidrologia particular e às suas caraterísticas físicas, como a temperatura, a salinidade e a circulação da água. Além disso, o Mar Vermelho está contaminado por fontes antropogénicas e naturais de hidrocarbonetos que selecionam procariotas degradadores de hidrocarbonetos. Devido às suas caraterísticas únicas, o Mar Vermelho tem potencial para albergar microrganismos novos, ainda não caracterizados, capazes de degradar hidrocarbonetos.

O objetivo deste trabalho é caraterizar a coluna de água do Mar Vermelho a nível metagenómico e isolar e caraterizar novas espécies e genomas degradadores de hidrocarbonetos adaptados às caraterísticas ambientais únicas da bacia. A presença de genes metabólicos responsáveis pela degradação de hidrocarbonetos lineares e aromáticos foi avaliada através de uma pesquisa metagenómica e de uma meta-análise de conjuntos de dados já disponíveis. Paralelamente, foram estabelecidos microcosmos na coluna de água com petróleo bruto como única fonte de carbono para isolar espécies bacterianas potencialmente novas e obter novos conhecimentos baseados em genomas sobre o potencial de degradação de hidrocarbonetos no Mar Báltico.
Mar Vermelho.

AGRADECIMENTOS

O primeiro agradecimento e apreço vai para o meu supervisor, Prof. Daniele Daffonchio, pelo seu total apoio, orientação e paciência durante todas as etapas do meu doutoramento. Ajuda e apoio não só para a parte científica durante a minha experiência aqui na KAUST, mas também e especialmente numa perspetiva pessoal. Pensarei sempre em si como um importante mentor que encontrei na minha vida.

Gostaria de agradecer a Giuseppe Merlino e Gregoire Michoud, pós-doutorados, pelo seu apoio no laboratório durante as experiências e no exterior, na secretária, pelos valiosos conhecimentos que me proporcionaram.

Gostaria de agradecer aos outros estudantes de doutoramento do laboratório, Ramona Marasco, Marco Fusi e Stelios Fodelianakis, pela ajuda, apoio e experiência que partilharam comigo ao longo dos últimos anos.

O meu colega de doutoramento Alan Barozzi e o meu pós-doutorando Giuseppe Merlino. Partilhámos momentos importantes juntos, incluindo o tempo que passámos no R.V. Thuwal durante as amostragens realizadas nos últimos anos. Muito obrigado.

Adriana Valenzuela, Asma Soussi, Maria Mosqueira, Alan Barozzi, Jenny Booth, meus colegas de doutoramento, gostaria de vos agradecer o tempo que passámos juntos nesta importante etapa das nossas vidas como doutorandos.

Um agradecimento especial à diretora do laboratório, Sadaf Umer, por nos ajudar a manter o laboratório arrumado, limpo e seguro. Muito obrigado também pela organização e logística dos vários aspectos do laboratório, incluindo o inventário de produtos químicos.

Gostaríamos de agradecer ao KAUST Analytical Core Lab e ao Bioscience Core Lab pelo seu apoio experimental e técnico.

Um agradecimento especial à equipa do CMOR. Francis Mallon, Brian Hession, Thomas Hoover e Loannis Georgakakis pela sua ajuda e amabilidade durante os cruzeiros científicos, que permitiram a recolha de amostras de água que são uma parte fundamental do meu projeto. Gostaria também de agradecer ao pessoal do R.V. Thuwal pelo seu trabalho árduo e ajuda durante as expedições.

Gostaria de agradecer à minha família, ao meu pai, à minha mãe, ao meu irmão e aos meus amigos pelo amor que recebi apesar da distância e por me terem ajudado durante o tempo em que estive longe de casa.

Muitos outros, incluindo amigos queridos, contribuíram direta ou indiretamente para o desenvolvimento do projeto e gostaria de lhes agradecer a todos.

E, finalmente, KAUST, dirijo-me a vós como uma pessoa real. Foram mais do que eu alguma vez poderia ter imaginado e, provavelmente, ainda não me apercebi da grande oportunidade que me deram. Os últimos anos têm sido mais do que uma experiência, têm sido uma vida real. Obrigado por tudo.

LISTA DE ABREVIATURAS

ANI	Average nucleotide diversity
BacDive	Bacterial diversity metadatabase
CDS	Coding sequence
COG	Closter of orthologous genes
DDH	DNA-DNA hybridization
DSMZ	Deutsche sammlung von mikroorganismen und zellkulturen
DWH	Deep water horizon
FDR	False discovery rate
FSW	Filtered sea water
INDIGO	INtegrated Data Warehouse of MIcrobial GenOmes
KEGG	Kyoto encyclopedia of genes and genomes
MLSA	Multilocus sequence analysis
PAH	Polycyclic aromatic hydrocarbons
PCA	Principal component analysis
PSU	Practical salinity unit
PVA	Polyvinyl alcohol
RPKM	Reads per kilobase per million
SV	Sequence variants
US EPA	United States Environmental Protection Agency

Capítulo 1
O Mar Vermelho como laboratório natural para a
microbiologia ambiental

1.1 . Introdução

O Mar Vermelho é um "laboratório natural" para a biogeoquímica devido às suas caraterísticas hidrológicas, físicas e climáticas únicas (Miller *et al.*, 1966; Thisse *et al.*, 1983; Chase *et al.*, 2006). A influência das marés no Mar Vermelho é relativamente limitada e, devido à natureza semi-fechada da bacia, as correntes de água são previsíveis até profundidades de cerca de 300 m (Yao *et al.*, 2014a; Yao *et al.*, 2014b). No entanto, ao contrário de outras bacias marítimas semi-fechadas, como o Mediterrâneo ou o Mar Báltico, o Mar Vermelho recebe uma quantidade mínima de água proveniente da precipitação ou dos rios; a precipitação não excede, em média, 50-60 mm por ano (Almazroui *et al.*, 2012), e as únicas fontes significativas que descarregam água da terra são alguns cursos de água sazonais do tipo "wadi" (Trommer *et al.*, 2011). Por conseguinte, o Mar Vermelho, com praticamente um único ponto de entrada para a água do mar (o Estreito de Bab al Mandeb no sul) e dois pontos de saída (o Estreito de Bab al Mandeb e o Canal do Suez), e com um padrão previsível de circulação da água e uma mistura vertical limitada (Yao *et al.*, 2014a; Yao *et al.*, 2014b; Qian *et al.* 2011), representa um modelo interessante para estudar a formação e a propagação de comunidades microbianas.

Estes padrões constantes na hidrologia e nas propriedades físicas determinam um acentuado gradiente de temperatura/salinidade de norte para sul. A água fria do
O Oceano Índico, que entra no Mar Vermelho em Bab al Mandeb, torna-se mais quente e mais salino à medida que se desloca para norte (ca. 23-24°N), embora forme remoinhos consoante a estação do ano (Yao *et al.*, 2014a; Yao *et al.*, 2014b), devido ao calor intenso e à forte evaporação da água combinada com a falta de entrada de água doce. À medida que prossegue para norte, a água arrefece de novo, aumentando a salinidade (40-41 %) e diminuindo a temperatura (27-29 °C) ao chegar ao Golfo de Aqaba e ao Suez (Qurban *et al.*, 2014). Este padrão de circulação conduz a um gradiente pronunciado de temperatura/salinidade nas camadas superiores de água ao longo do eixo norte-sul da bacia, com um aumento da salinidade e uma diminuição da temperatura de sul para norte.

Outro gradiente caraterístico do Mar Vermelho é o gradiente de produtividade primária de sul para norte, estando as partes central e norte da bacia entre as zonas marinhas mais oligotróficas do mundo (Acker *et al.*, 2008; Raitsos *et al.*, 2013; Qurban *et al.*, 2014). [11]A água que entra no Mar Vermelho a partir do Bab al Mandab é caracterizada por concentrações de nutrientes entre 15-23 pmol L de nitrato e 1,4-1,9 pmol L de fosfato (Souvermezoglou *et al.*, 1989). [11]À medida que esta água flui para norte, os nutrientes na coluna de água superior são esgotados devido à estratificação que impede a subida dos nutrientes das camadas profundas e à ausência de outras fontes de nutrientes, atingindo níveis inferiores a 2 pmol L e 0,2 pmol L para o nitrato e o fosfato, respetivamente, no norte do Mar Vermelho (Acker *et al.*, 2008). [2][1]Consequentemente, a produtividade primária é muito baixa, variando entre 10-20 mg C m h (Qurban *et al.*, 2014), o que torna esta bacia hidrográfica 1,9 - 4,4 vezes menos produtiva do que bacias hidrográficas semelhantes na mesma latitude, como o Mar das Caraíbas (Taylor *et al.*, 2012), o Golfo do México (Murrell *et al.*, 2007) ou o sul do Golfo da Califórnia (Alvarez-Borrego, 2012). A oligotrofia na coluna de água é mantida apesar da presença de grandes cidades nas costas do Mar Vermelho, como Jeddah, Port Sudan e Jizan, onde a água é enriquecida com carbono orgânico e nutrientes inorgânicos devido a actividades antropogénicas (El-Sayed *et al.*, 2011; Pena-Garcia *et al.*, 2014). Devido às caraterísticas únicas acima mencionadas, o sistema ultra-oligotrófico do Mar Vermelho é potencialmente um reservatório importante de diversidade microbiana, onde se podem encontrar taxa microbianos adaptados a estes gradientes ambientais adversos.

1.2 . Factores de seleção ambiental

1.2.1 Temperatura

A temperatura é um parâmetro ambiental importante que deve ser tido em conta quando se estuda o comportamento das comunidades microbianas marinhas. Em geral, foi demonstrado que, à medida que a temperatura aumenta, o metabolismo microbiano aumenta devido ao aumento da cinética enzimática (Fuhrman & Azam, 1983; Kirchman *etal.*, 2005; Lopez-Urrutia & Moran, 2007). Foi demonstrado, tanto *in situ* como em laboratório, que a temperatura pode influenciar as taxas de crescimento, as taxas de respiração e o metabolismo secundário (White *et al.*, 1991; Vazquez-Dominguez *et al.*, 2007; Rivkin *et al.*, 1996). A correlação positiva entre a temperatura e a taxa de crescimento está limitada a uma determinada gama de temperaturas, dependendo dos microrganismos estudados. Acima da temperatura óptima de crescimento, o crescimento microbiano diminui rapidamente (Izem & Kingsolver, 2005; Chen & Shakhnovich, 2010). Uma vez que a temperatura afecta o crescimento e o metabolismo dos micróbios, pode influenciar significativamente as comunidades microbianas, e mesmo pequenas flutuações de temperatura podem levar a mudanças dramáticas na sua composição taxonómica (Johnson *et al.*, 2006). Embora se tenha observado que algumas populações microbianas dominantes estão presentes durante todo o ano em estudos de séries temporais, outros taxa "raros" podem variar em abundância dependendo da estação correspondente a uma determinada temperatura (Gilbert *et al.*, 2012; Chow *et al.*, 2013). Pensa se que a adaptação às flutuações de temperatura resulta em alterações em todo o genoma, uma vez que as taxas enzimáticas, a dobragem de proteínas e a composição das membranas são diretamente afectadas pela temperatura. Como a temperatura pode afetar as comunidades microbianas marinhas a vários níveis, é de interesse científico investigar melhor a relação entre o crescimento e a diversidade microbianos e a temperatura.

1.2.2 . Teor de sal

Uma vez que o Mar Vermelho é uma das águas mais salinas do mundo, com uma salinidade média de 40 PSU (Ngugi *et al.*, 2012), os microrganismos que se desenvolvem nesta bacia podem ser considerados ligeiramente (0,3 a 0,5 M NaCl) ou moderadamente halofílicos (0,5 a 3,4 M NaCl). Isto deve-se ao facto de estarem expostos a uma pressão osmótica mais elevada e a uma maior concentração de Na do que noutras bacias marítimas. Os fluxos de Na estão também envolvidos na homeostase do pH (Oren, 2008). Além disso, as comunidades microbianas na coluna de água adjacente às piscinas de salmoura estão expostas a flutuações de pressão osmótica elevadas na gama dos metros devido às numerosas piscinas de salmoura espalhadas ao longo do eixo central da bacia. A osmorregulação da célula é de importância crucial, uma vez que a integridade e a hidratação das células dependem do seu teor de soluto e da pressão osmótica do seu ambiente (Altendorf *et al.*, 2009). Se a pressão osmótica da célula diminuir, há um influxo de água para o interior da célula, o que pode levar à lise. Se, por outro lado, a pressão osmótica aumentar, observa-se a saída de água e a desidratação.

Muitas propriedades celulares são afectadas pelos fluxos de água, que podem ocorrer quase instantaneamente. Para contrariar estes efeitos, os halófilos temperados desenvolveram vários mecanismos de osmorregulação. O mais importante é a acumulação de solutos por transporte ativo ou síntese quando a pressão osmótica aumenta. Estes são libertados através de canais mecanossensíveis quando esta pressão diminui (Wood, 2016).

1.2.3 Poluição por hidrocarbonetos

O Mar Vermelho é considerado uma das zonas mais interessantes do mundo para a exploração de hidrocarbonetos (Henni, 2017). Está ainda largamente inexplorado, apesar de a Saudi Aramco (a empresa nacional de petróleo e gás da Arábia Saudita) ter desenvolvido vários campos de gás em 2013. No entanto, devido a numerosas questões, incluindo a profundidade, a topografia do fundo do mar e a geologia, este projeto foi interrompido em 2015. Atualmente, as principais causas da poluição por hidrocarbonetos no Mar Vermelho são o turismo, a industrialização, a pesca extensiva, o processamento de petróleo, o transporte marítimo e os derrames (Mustafa *et al.*, 2016). A maioria dos estudos sobre a poluição por hidrocarbonetos no Mar Vermelho foi efectuada no Golfo de Aqaba e na costa egípcia. Abdallah *et al.* (2016) monitorizaram a poluição por hidrocarbonetos aromáticos policíclicos de Suez a Hurghada no Egito e mostraram que metade das amostras recolhidas estavam contaminadas por hidrocarbonetos pirogénicos, enquanto as outras amostras continham hidrocarbonetos petrogénicos. Uma vez libertados no ambiente, os hidrocarbonetos sofrem alterações químicas, físicas e biológicas conhecidas como meteorização. Em função da sua composição química e da capacidade de degradação dos microrganismos, alguns hidrocarbonetos têm uma meia-vida curta (por exemplo, os n-alcanos), enquanto outros podem ser detectados um ano após a poluição inicial (por exemplo, os hidrocarbonetos aromáticos policíclicos) (Mapelli *et al.*, 2017).

1.3 Diversidade microbiana no Mar Vermelho

1.3.1 Estudos metagenómicos

Embora o Mar Vermelho tenha uma riqueza de caraterísticas únicas que podem favorecer a seleção de formas de vida microbianas únicas, o seu microbiota é um dos ambientes marinhos menos estudados. Nos últimos anos, os vários ecossistemas do Mar Vermelho, incluindo a zona pelágica, as poças de salmoura, as águas costeiras, os ecossistemas de mangais e ervas marinhas e os recifes de coral, têm sido sistematicamente estudados. Neste caso, centrar-me-ei na zona pelágica. Antes do advento da sequenciação de nova geração, os estudos centravam-se em grupos marinhos específicos, em particular nas populações de picocianobactérias do Golfo de Aqaba (Fuller *et al.*, 2005; Zeidner *et al.*, 2005). Utilizando a pirosequenciação do gene 16S rRNA, Ngugi *et al.* (2012) mostraram que as águas superficiais eram dominadas por dois filos, *Proteobacteria* e *Cyanobacteria*. Como esperado, as picocianobactérias dominavam neste último, enquanto o clado SAR11 estava sobre-representado no grupo *das proteobactérias*. Este grupo foi ainda investigado ao longo da coluna de água, desde a superfície até uma profundidade de 1.500 metros. O clado SAR11 é mais diversificado desde a superfície até 50 m de profundidade do que nas amostras mais profundas (Ngugi & Stingl, 2012). As comparações da microbiota do Mar Vermelho com outros ambientes marinhos oligotróficos mostraram que a sua composição é semelhante à do Pacífico Norte em termos de adaptação a uma elevada intensidade luminosa, à do Mediterrâneo em termos de adaptação a uma elevada salinidade e à do Mediterrâneo e do Mar dos Sargaços em termos de adaptação a uma baixa concentração de fósforo (Thompson, 2013a; Thompson *et al.*, 2013b).

1.3.2 Estudos relacionados com o cultivo

A capacidade de isolar e cultivar novas espécies microbianas é considerada um dos maiores desafios da microbiologia e da ecologia microbiana (Staley & Konopka, 1985). O aumento da coleção de isolados que crescem facilmente em condições laboratoriais é considerado um objetivo importante da microbiologia moderna por duas razões principais: (i) o isolamento de novos micróbios permitir-nos-ia estudá-los e caracterizá-los em profundidade, expandindo assim a compreensão da biologia e ecologia dos procariotas, que são considerados intervenientes cruciais em qualquer ciclo biogeoquímico (Jetten, 2008; Muyzer & Stams, 2008), e (ii) novos isolados microbianos representariam muito provavelmente uma fonte inexplorada de novas moléculas bioactivas que poderiam conduzir a novas aplicações biotecnológicas (Lee *et al.*, 2014; Ling *et al.*, 2015). No entanto, de acordo com a base de dados BacDive, o número de novos isolados do Mar Vermelho é inferior a 20 (Sohngen *et al.*, 2015). Cinco destes foram isolados das numerosas piscinas de salmoura do Mar Vermelho (Antunes *et al.* 2011). Por exemplo, Fiala *et al.* (1990) isolaram *Flexistipes sinusarabici*, gen. nov., sp. nov. da Atlantis II Deep, uma bactéria halófila imóvel, não formadora de esporos, estritamente anaeróbia. Outra nova bactéria halófila foi isolada da Kebrit Deep, que está intimamente relacionada com o género *Halanaerobium*, cujos representantes anteriormente identificados apenas ocorrem em sedimentos de lagos salgados e campos petrolíferos offshore (Eder *et al.*, 2001). Recentemente, Antunes *et al.* isolaram duas novas espécies de halófilos da Shaban Deep: *Marinobacter salsuginis*, uma estirpe facultativamente anaeróbia capaz de reduzir o nitrato a azoto em condições anaeróbias (Antunes *et al.*, 2007), e uma nova estirpe de um taxon de nível de ordem, *Haloplasma contractile* (Antunes *et al.*, 2008a). Apenas um novo filo de arqueas foi isolado com sucesso do Mar Vermelho: [03-]*Halorhabdus tiamatea*, um anaeróbio extremamente halofílico que pode utilizar S ou NO como acetor de electrões (Antunes *et al.*, 2008b). Outras fontes de isolados no Mar Vermelho incluem muco ou tecido de várias espécies de coral (Lampert *et al.*, 2006; Ben-Dov *et al.*, 2009; Zeevi Ben Yosef *et al.*, 2008; Shnit-Orland *et al.*, 2010; Paramasivam *et al.*, 2013) e esponjas marinhas, *por exemplo,* a nova bactéria *Actinokineospora spheciospongiae*, que foi isolada de *Spheciospongia vagabunda* (Kampfer *et al.*, 2015).

Apenas alguns estudos avaliaram as potenciais aplicações biotecnológicas de isolados do Mar Vermelho. Sagar *et al.* (2013) investigaram a atividade anticancerígena de microrganismos marinhos isolados da interface salmoura-água salgada de quatro piscinas de salmoura no Mar Vermelho. Verificou-se que os isolados selecionados, todos estreitamente relacionados com estirpes previamente cultivadas, apresentavam atividade citotóxica e apoptótica contra linhas celulares de cancro da mama, da próstata e do colo do útero. A atividade antimicrobiana de vinte estirpes isoladas do coral mole *Sarcophyton glaucum* foi também avaliada no estudo de ElAhwany *et al.* (2015). Os resultados mostraram que os isolados possuem um amplo espetro de atividade antimicrobiana e podem ser de interesse para a produção de novos agentes antimicrobianos. Além disso, a capacidade de produzir agentes antimicrobianos sugere um papel para estas estirpes na proteção do hospedeiro coralino contra agentes patogénicos marinhos.

Até à data, apenas alguns estudos se centraram na utilização de comunidades microbianas do Mar Vermelho para a biorremediação, em especial de águas contaminadas com petróleo. Por exemplo, El-Sheshtawy *et al.* (2014) investigaram a capacidade de isolados de uma área historicamente contaminada no Egito (Baía de Gemsa) para degradar petróleo bruto em culturas puras ou mistas e na presença de nanopartículas sintéticas e biossurfactantes. [23 582]Os resultados mostraram que alguns isolados apresentavam uma capacidade de degradação interessante em relação a determinados hidrocarbonetos poliaromáticos e que a presença de biossurfactantes e de nanopartículas de Fe O e Zn (OH) Cl poderia melhorar o desempenho da degradação. Outro estudo investigou a dinâmica populacional de microcosmos de sedimentos marinhos impregnados de petróleo fornecidos com amónio ou ácido úrico em diferentes locais, incluindo o Golfo de Aqaba, no extremo noroeste do Mar Vermelho (Gertler *et al.*, 2015). Os investigadores mostraram que a comunidade microbiana marinha era dominada por *Pseudomonas* spp. e *Alcanivorax* spp. que são omnipresentes independentemente da localização geográfica e são micróbios degradadores de hidrocarbonetos no mar (Gertler *et al.*, 2015).

Com o aumento acentuado dos preços do petróleo nos últimos anos, existe um forte incentivo para reutilizar os recursos do Mar Vermelho, incluindo os hidrocarbonetos, apesar das graves limitações físicas, nomeadamente a grande profundidade. No entanto, como demonstrei, a capacidade do sistema para se adaptar à infiltração de hidrocarbonetos/químicos é muito irregular do ponto de vista microbiológico no Mar Vermelho.

Nas secções seguintes, darei uma visão geral dos hidrocarbonetos tipicamente encontrados nas misturas de hidrocarbonetos e dos mecanismos gerais da sua degradação biótica, especialmente no caso dos n-alcanos, dos alcanos de cadeia ramificada, dos compostos cicloalifáticos e dos hidrocarbonetos aromáticos policíclicos (HAP). Centrar-me-ei na degradação aeróbia dos hidrocarbonetos, uma vez que o meu enquadramento é a coluna de água.

1.4 Diversidade de bactérias degradadoras de hidrocarbonetos

1.4.1 Tipo de hidrocarbonetos e origem

Os hidrocarbonetos no meio marinho provêm principalmente de duas fontes, nomeadamente geogénicas e antropogénicas. A figura 1.1 mostra a estrutura química dos hidrocarbonetos relevantes relacionados com o petróleo. Os hidrocarbonetos geogénicos provêm de fontes naturais, que se encontram geralmente no meio marinho. Estas fontes são a principal fonte de hidrocarbonetos para o sistema aquático (Transportation Research Board e National Research Council, 2003) e são também fontes potenciais de produtos de degradação microbiana (Scoma *et al.*, 2017). Nos últimos anos, no entanto, as actividades antropogénicas, como a extração de petróleo, o transporte e as actividades industriais em geral, aumentaram significativamente a libertação de hidrocarbonetos no ambiente. Um exemplo importante neste contexto é a explosão do Deepwater Horizon (DWH) em 2010, que libertou a maior quantidade de hidrocarbonetos petrolíferos alguma vez registada no mar profundo (Ramseur, 2010). Embora a principal fonte de hidrocarbonetos seja natural, o microbioma no derrame da DWH não foi capaz de degradar todo o petróleo libertado, *o que significa que* manchas de petróleo fortemente enriquecidas em HAPs atingiram as costas e foram detectadas durante pelo menos um ano, obrigando a operações de limpeza (Allan *et al.*, 2012). Isto sugere que é necessária mais investigação para investigar o metabolismo da degradação de hidrocarbonetos e encontrar uma forma de o melhorar ou modificar para efeitos de bioremediação.

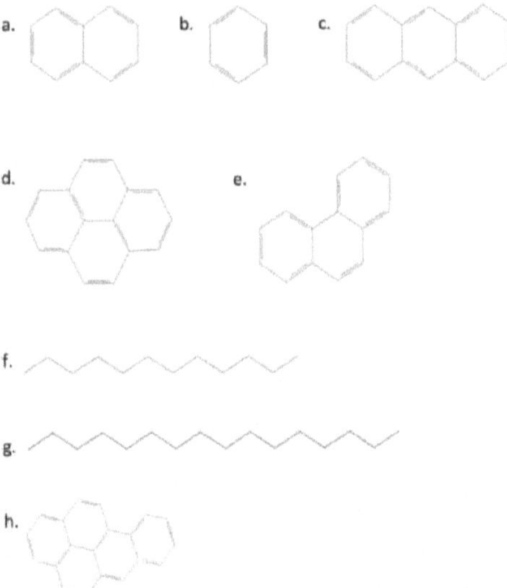

Figura 1.1 Ilustração da estrutura química de vários hidrocarbonetos que podem ser degradados por via microbiana. a. Naftaleno, b. Benzeno, c. Antraceno, d. Pireno, e. Fenantreno, f. Naftaleno, b. Benzeno, c. Antraceno, d. Pireno, e. Fenantreno, f. Dodecano, g. Hexadecano, h. Benzo(a)pireno

1.4.2 Metabolismo dos alcanos e vias metabólicas relacionadas

Os alcanos são os compostos mais facilmente degradáveis dos hidrocarbonetos alifáticos.

Distinguem-se dois tipos: os alcanos lineares e os alcanos de cadeia ramificada. Estes últimos são considerados mais recalcitrantes devido à sua estrutura; no entanto, foi demonstrado que numerosas bactérias podem degradá-los, *por exemplo,* o género *Alcanivorax* (Alvarez *et al.,* 2009; Hara *et al.,* 2003). Normalmente, os alcanos lineares são divididos em quatro categorias: 1) C1-C7, que inclui alcanos gasosos e líquidos, 2) compostos alifáticos de baixo peso molecular (C8-C16), 3) hidrocarbonetos alifáticos de peso molecular médio (C17-C28) e 4) hidrocarbonetos de alto peso molecular (>C28). Em geral, os alcanos alifáticos de baixo peso molecular são mais facilmente degradáveis do que os alcanos de alto peso molecular, que requerem várias etapas metabólicas para serem degradados (Liu *et al.,* 2011). Os alcanos são geralmente insolúveis em água, e a solubilidade diminui com o aumento do peso molecular. A absorção de alcanos pelos microrganismos pode variar muito, dependendo da espécie e das propriedades físicas e químicas do ambiente. Os alcanos de baixo peso molecular podem ter solubilidade suficiente para permitir a absorção direta a partir do ambiente, ao passo que os alcanos de peso molecular médio e elevado podem necessitar de tensioactivos e/ou emulsionantes segregados pelos microrganismos ou de origem antropogénica, que aumentam a solubilidade para poderem ser absorvidos pelas bactérias (Beal & Betts, 2000; Noordman & Janssen, 2002). Wang & Shao (2014) descreveram recentemente a regulação da degradação de alcanos em *Alcanivorax dieselolei.* A proteína OmpS reconhece moléculas de alcanos e ativa a expressão de várias proteínas e enzimas envolvidas na quimiotaxia e na absorção e hidroxilação de alcanos. A absorção de alcanos em *Alcanivorax* é controlada pelas proteínas OmpT expressas na membrana externa (Wang & Shao, 2014). Dependendo do comprimento dos alcanos lineares, diferentes proteínas de transporte são responsáveis pela absorção (ompT1 para C28-C36, ompT2 para C16-

C24 e ompT3 para C8-C12). As enzimas monooxigenase (AlmA, AlkB) hidroxilam depois os alcanos, ultrapassando a baixa reatividade química dos produtos químicos através da geração de espécies reactivas de oxigénio. Os álcoois resultantes são depois oxidados em aldeídos e, finalmente, em ácidos gordos (Figura 1.2) (Rojo, 2009). Os alcanos de cadeia ramificada são activados pelos genes monooxigenase *alkBl* e *almA* em *A. dieselolei* B-5 (Liu *et al.*, 2011). Um mecanismo comum para a degradação de alcanos ramificados é a "ativação" por hidroxilação do grupo metilo terminal da cadeia ramificada para os ácidos ou cetonas correspondentes (Wang & Shao, 2013). Outros microrganismos capazes de degradar alcanos de cadeia ramificada (*por exemplo,* pristano) são *Mycobacterium neoaurum* e *Rhodococcus ruber,* que os degradam em ácidos carboxílicos como compostos finais (Cong *et al.*, 2009).

1.4.3 Metabolismo de compostos cicloalifáticos e vias metabólicas relacionadas

O petróleo bruto é uma mistura complexa de vários compostos, incluindo vários compostos cicloalifáticos. Por exemplo, o ciclopentano e o ciclo-hexano são frequentemente encontrados em misturas de petróleo (Comandini *et al.*, 2014). A dificuldade de degradação dos compostos cicloalifáticos deve-se geralmente à sua toxicidade intrínseca para os sistemas biológicos e à sua insolubilidade (Hommel, 1994). As bactérias capazes de degradar estes compostos foram identificadas através de uma via oxidativa que converte os cicloalifatos nos ácidos adípicos correspondentes (Iwaki *et al.*, 2008), por um processo metabólico que abre o anel C-C através da adição de grupos carboxilo. É interessante notar que os consórcios bacterianos demonstraram a capacidade de degradar compostos cicloalifáticos e de os utilizar como fonte de carbono e energia. Em particular, Lee e Cho (2008) estudaram um consórcio de *Rhodococcus* sp., *Sphingomonas* sp. e *Stenotrophomonas* sp. que é capaz de degradar e utilizar ciclohexano. $_{22}$Além disso, a mineralização do ciclo-hexano em CO e H O foi registada para *Rhodococcus* sp. ECI (Lee & Cho 2008).

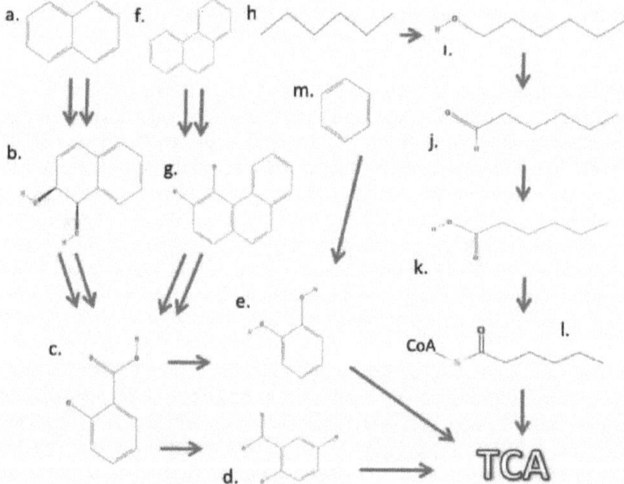

Figura 1.2 Esquema representativo da degradação aeróbia do benzeno, naftaleno, fenantrenos e alcanos lineares. a. Naftaleno, b. 1,2 - dihidronaftaleno-1,2-diol, c. Salicilato, d. Gentisato, e. Catecol, f. Fenantreno, g. 3,4 - fenantreno diol, h. alcano, i. alcanol, j. Alkanal, k. Ácido alcanóico, l. Alkanoyl-CoA. TCA, ciclo do ácido tricarboxílico. As setas duplas indicam várias etapas enzimáticas. As setas simples indicam reacções de uma só etapa.

1.4.4 Hidrocarbonetos aromáticos policíclicos (PAH)

Os PAH são um grupo de hidrocarbonetos particularmente difíceis de degradar no ambiente devido à sua estrutura química, que consiste em vários anéis aromáticos. Os HAPs têm atraído um interesse crescente, uma vez que a sua recalcitrância no ambiente constitui um grande problema.

ameaça potencial para os ecossistemas, *ou seja, o* rebentamento do DWH (Allan *et al.*, 2012). Na verdade, representam uma ameaça significativa para a saúde humana devido ao seu potencial genotóxico, mutagénico e carcinogénico (Franco *et al.*, 2008). Em geral, os PAHs podem formar arranjos lineares, angulares ou agrupados com ligações entre os anéis aromáticos de diferentes moléculas (Figura 1.1). Quanto maior o número de anéis aromáticos, maior a estabilidade química dos PAHs e mais tempo eles podem persistir no ambiente (Liu *et al.*, 2011).

Os dois principais mecanismos conhecidos para a degradação biótica de PAHs por microrganismos são a oxidação química e a fotólise. Embora a diversidade de HAP seja bastante grande (várias centenas), a investigação tem-se centrado apenas em 16 que são considerados poluentes prioritários para remediação pela Agência de Proteção Ambiental dos EUA (US EPA) (Keith, 2015). Destes, a degradação do antraceno, naftaleno e fenantreno é a melhor descrita (Pinyakong *et al*, 2000, Resnick *et al*, 1996; Annweiler *et al*, 2000, Menn *et al*, 1993; Pinyakong *et al*, 2003a,b). A primeira etapa é a ativação do anel aromático, que é catalisada pela dioxigenase e conduz a intermediários cis-dihidroxilados. Em etapas posteriores, que envolvem dioxigenases de quebra de anel, formam-se então Intermediários centrais, como o catecol e os protocatecuatos, que podem ser posteriormente transformados em intermediários do ciclo do ácido tricarboxílico (Figura 1.2) (Gibson & Parales, 2000).

As dioxigenases responsáveis pela primeira etapa da ativação de anéis aromáticos parecem estar amplamente distribuídas nas bactérias. Estas enzimas são componentes de um complexo enzimático que requer NADH como cofator (Resnick *et al.*, 1996). Várias bactérias foram descritas pela sua capacidade de degradar os HAP e podem geralmente ser classificadas de acordo com a dioxigenase responsável pelas primeiras etapas: Tolueno dioxigenase (TDO), naftaleno dioxigenase (NDO) e bifenil dioxigenase (BPDO). A especificidade dos substratos destas enzimas pode variar consoante as bactérias. A TDO demonstrou ter uma vasta gama de substratos para a di-hidroxilação e a sua atividade é limitada pelo tamanho/peso molecular dos compostos PAH. Em contrapartida, a NDO e a BPDO demonstraram ser capazes de degradar HAPs de maior peso molecular. Além disso, para os HAP tetracíclicos ou maiores, apenas a BPDO parece ser eficaz para a ativação inicial do anel aromático pela atividade da dioxigenase (Boyd & Sheldrake, 1998). Durante o evento DWH, a degradação de PAH foi especificamente atribuída aos géneros *Cycloclasticus* e *Colwellia* (Vila *et al.*, 2010; Baelum *et al.*, 2012), sugerindo que existe uma especialização de taxa bacterianos em PAHs.

1.5 Conclusões

A degradação dos hidrocarbonetos pelos microrganismos foi amplamente estudada nos últimos anos, nomeadamente durante episódios significativos de derrames de petróleo (*por exemplo*, DWH; Hazen *et al*, 2010; Baelum *at al*, 2012; Gutierrez *et al*, 2013; Camilli *et al*, 2010; Valentine *et al*, 2012). Durante este período, os estudos centraram-se em locais expostos à poluição crónica ou ocasional de hidrocarbonetos. Isto permitiu uma análise abrangente dos vários metabolismos e sucessões microbianas responsáveis pela degradação de hidrocarbonetos. No entanto, pouco foi feito para investigar o potencial de degradação microbiana de hidrocarbonetos num ambiente pristino antes de uma possível poluição. A este respeito, o Mar Vermelho é uma importante área de estudo. Devido à diminuição das reservas de petróleo, ao aumento do preço do petróleo e apesar das dificuldades associadas à grande profundidade, existe um forte incentivo para explorar as reservas de hidrocarbonetos nesta bacia (Henni, 2017). Este facto aumentará consideravelmente a potencial poluição ambiental. A investigação das vias bioquímicas que são detectáveis ou não em diferentes locais/profundidades da bacia lançará luz sobre o potencial do Mar Vermelho para a degradação microbiana de hidrocarbonetos e poderá permitir soluções mais precisas para a biorremediação. Dadas as condições ambientais únicas e extremas do Mar Vermelho, é provável que nele tenham evoluído novos taxa microbianos, incluindo novos degradadores de hidrocarbonetos adaptados às condições quentes, salinas e oligotróficas de um oceano tão único.

1.6 Bibliografia

Abdallah RI, Khalil NM, Roushdy MI, (2016) Monitorização da poluição nos sedimentos das costas do Mar Vermelho egípcio. EgiptoJ Pet 25:133-151.

Acker J, Leptoukh G, Shen S, Zhu T, Kempler S, (2008) Remotely sensed chlorophyll-a observations of the northern Red Sea reveal seasonal variations and the influence of coastal reefs. J Mar Syst 9:191-204.

Allan SE, Smith BW, Anderson KA, (2012) Impacto do derrame de petróleo da Deepwater Horizon nos hidrocarbonetos aromáticos policíclicos biodisponíveis nas águas costeiras do Golfo do México. Environ. Sci. Technol. 46:2033-2039

Almazroui M, Nazrul Islam M, Athar H, Jones PD, Rahman MA, (2012) Alterações climáticas recentes na Península Arábica: análise anual da precipitação e da temperatura na Arábia Saudita para 1978-2009. Int J Climatol 32:953-966.

Altendorf K, Booth IR, Gralla JD, Greie J-C, Rosenthal AZ, Wood JM, (2009) Osmotic stress. EcoSal Plus 3:1-41.

Alvarez, LA, Exton, DA, Timmis, KN, Suggett, DJ, McGenity, TJ, (2009) Characterisation of marine isoprene-degrading communities. Environ Microbiol 11:3280-3291.

Alvarez-Borrego S, (2012) Biomassa e produção de fitoplâncton no Golfo da Califórnia: Uma revisão. Bot Mar 55:119-128.

Annweiler E, Richnow HH, Antranikian G, Hebenbrock S, Garms C, Franke S, Francke W & Michaelis W, (2000) Degradação do naftaleno e incorporação de carbono derivado do naftaleno na biomassa pelo *Bacillus thermoleovorans termofílico*. Appl Environ Microbiol 66:518-523.

Antunes A, Franga L, Rainey FA, Huber R, Nobre MF, Edwards KJ, da Costa MS, (2007) *Marinobacter salsuginis* sp. nov., uma nova espécie da interface salmoura-água salgada da Shaban Deep, Mar Vermelho. IntJ Syst Evol Microbiol 57:1035-1040.

Antunes A, Ngugi DK, Stingl U, (2011) Microbiologia dos lagos de salmoura anóxica de profundidade do Mar Vermelho (e outros). Environ Microbiol Rep. 4:416-433.

Antunes A, Rainey F, Wanner G, Taborda M, Patzold J, Nobre MF, da Costa MS, Huber R, (2008a) Uma nova linhagem de bactérias halofílicas, sem paredes e contrácteis de uma profundidade cheia de salmoura do Mar Vermelho. J Bacteriol 190:3580-3587.

Antunes A, Taborda M, Huber R, Moissl C, Nobre MF, da Costa MS (2008b) *Halorhabdus tiamatea* sp. nov., uma arqueia não pigmentada, extremamente halofílica, de uma bacia hipersalina anóxica de profundidade do Mar Vermelho, e descrição emendada do género *Halorhabdus*. IntJ Syst Evol Microbiol 58:215-220.

Baelum J, Borglin S, Chakraborty R, FortneyJL, Lamendella R, Mason OU, Auer M, Zemla M, Bill M, Conrad ME, Malfatti SA, Tringe SG, Holman HY, Hazen TC, Jansson JK, (2012) Deep-sea bacteria enriched by oil and dispersant from Deepwater Horizon spill. Environ Microbiol 14:2405-2416

Beal R, Betts WB, (2000) Role of rhamnolipid biosurfactants in the uptake and mineralisation of hexadecane in *Pseudomonas aeruginosa*. J Appl Microbiol 89:158-168.

Ben-Dov E, Zeevi Ben D, Pavlov V, Kushmaro A, (2009) *Corynebacterium maris* sp. nov., uma bactéria marinha isolada do muco do coral *Fungia granulosa*. Int J Syst Evol Microbiol 59:2458-2463.

Boyd DR, & Sheldrake GN, (1998) The dioxygenase-catalysed formation of vicinal cis-diols. Nat Prod Rep 15:309-324.

Camilli R, Reddy CM, Yoerger DR, Van Mooy BA, Jakuba MV, Kinsey JC, McIntyre CP, Sylva SP, Maloney JV, (2010) Tracking hydrocarbon plume transport and biodegradation at Deepwater Horizon. Ciência 330:201-204.

Chase Z, Paytan A, Johnson KS, Street J, Chen Y, (2006) Input and cycling of iron in the Gulf of Aqaba, Red Sea. Global Biogeochem Cycles 20:1-11.

Chen P, & Shakhnovich EI, (2010) Thermal adaptation of viruses and bacteria (Adaptação térmica de vírus e bactérias). BiophysJ 98:1109-1118.

Chow C-ET, Sachdeva R, Cram JA, Steele JA, Needham DM, Patel A, Parada EA, Fuhrman JA, (2013) Variabilidade temporal e coerência das comunidades bacterianas da zona eufótica ao longo de uma década no Southern California Bight. ISME J 7:2259-2273.

Comandini A, Dubois T, Abid S, Chaumeix N, (2014) Estudo comparativo da oxidação do ciclo-hexano e da decalina. Combustíveis energéticos 28:714-724.

Cong L, Mikolasch A, Klenk HP, Schauer F, (2009) Degradação dos alcanos múltiplos ramificados 2,6,10,14-tetrametil-pentadecano (pristano) em *Rhodococcus ruber* e *Mycobacterium neoaurum*. Int. Biodeterior. Biodegradation 63:201 207.

Crespo-Medina M, Meile CD, Hunter KS, Diercks AR, Asper VL, Orphan VJ, Tavormina PL, Nigro LM, Battles JJ, Chanton JP, Shiller AM, Joung DJ, Amon RMW, Bracco A, Montoya JP, Villareal TA, Wood AM, Joye SB, (2014) The rise and fall of methanotrophy following a deepwater oil-well blowout. Nat Geosci 7:423-427

Eder W, Jahnke LL, Schmidt M Huber R, (2001) Microbial diversity of the brineseawater interface of the Kebrit Deep, Red Sea, studied via 16S rRNA sene sequences and cultivation methods. Appl Environ Microbiol 67:3077-3085.

Edwards BR, Reddy CM, Camilli R, Carmichael CA, Longnecker K, Van Mooy BAS, (2011) Rapid microbial respiration of oil from the Deepwater Horizon spill in offshore surfaces of Gulf of Mexico. Environ Res Lett 6:035301.

ElAhwany AMD, Ghozlan HA, ElSharif HA, Sabry SA, (2015) Diversidade filogenética e atividade antimicrobiana de bactérias marinhas associadas ao coral mole *Sarcophyton glaucum*. J Basic Microbiol 55:2-10.

El-Sheshtawy HS, Khalil NM, Ahmed W, Abdallah RI, (2014) Monitorização da poluição por petróleo na Baía de Gemsa e capacidade de biorremediação de isolados bacterianos com biossurfactantes e nanopartículas. Marine Poll Bull 87:191-200.

Fiala G, Woese CR, Langworthy TA, Stetter KO, (1990) *Flexistipes sinusarabici*, um novo género e espécie de eubactéria encontrados nas salmouras profundas Atlantis II do Mar Vermelho. Arch Microbiol 154:120-126.

Franco SS, Nardocci AC, Gunther WM, (2008) PAH biomarkers for human health risk assessment: a review of the state of the art. Cad Saude Publica 24:a569-s580

Fuhrman JA, & Azam F, (1983) Adaptações de bactérias a águas marinhas subsuperficiais estudadas pela resposta à temperatura. Mar Ecol Prog Ser 13:95-98.

Fuller NJ, West NJ, Marie D, Yallop M, Rivlin T, Post AF, Scanlan DJ, (2005) Dynamics of community structure and phosphate status of picocyanobacterial populations in the Gulf of Aqaba, Red Sea. Limnol Oceanogr 50:363-375.

Gertler C, Bargiela R, Mapelli F, Han X, Chen J, Hai T, Amer RA, Mahjoubi M, Malkawi H, Magagnini M, Cherif A, Abdel-Fattah YR, Kalogerakis N, Daffonchio D, Ferrer M, Golyshin PN, (2015) Conversão de ácido úrico em amónio em comunidades microbianas marinhas degradadoras de petróleo: um possível papel das *Halomonadas*. Microb Ecol 70:724-740.

Gibson DT & Parales RE, (2000) Aromatic hydrocarbon dioxygenases in environmental biotechnology. CurrOpin Biotechnol 11: 236-243.

Gilbert JA, Steele JA, Caporaso, JG, Steinbruck L, Reeder J, Temperton B, Huse S, McHardy AC, Knight R, Joint I, Somerfield P, Fuhrman JA, Field D, (2012) Defining seasonal marine microbial community dynamics. ISME J 6:298-308.Griffiths SK, (2012) Oil release from Macondo well 252 following the Deepwater Horizon accident. Environ Science Tech 46:5616-5622.Gutierrez T, Singleton DR, Berry D, Yang T, Aitken MD, Teske A, (2013) Hydrocarbon degrading bacteria enriched by the Deepwater Horizon oil spill identified by cultivation and DNA-SIP. ISME J 7:2091-2104.

Hara A, Syutsubo K, Harayama S, (2003) Alcanivorax que ocorre em água do mar contaminada com petróleo apresenta uma ampla especificidade de substrato para a degradação de alcanos. Environ Microbiol 5:746-753.

Hazen TC, Dubinsky EA, DeSantis TZ, Andersen GL, Piceno YM, Singh N, Jansson JK, Probst A, Borglin SE, Fortney JL, Stringfellow WT, Bill M, Conrad ME, Tom LM, Chavarria KL, Alusi TR, Lamendella R, Joyner DC, Spier C, Baelum J, Auer M, Zemla ML, Chakraborty R, Sonnenthal EL, D'haeseleer P, Holman HY, Osman S, Lu Z, Van Nostrand JD, Deng Y, Zhou J, Mason OU, (2010) Deep-sea oil plume enriches indigenous oil degrading bacteria. Ciência 330:204-208.

Henni A, Red Sea: The Middle East's Untapped Oil, Gas Region (Mar Vermelho: a região de petróleo e gás inexplorada do Médio Oriente). E&P Magazine (2017) Website,http://www.epmag.com/red-sea-middle-easts-untapped-oil-gas-region-1585061#p=1.

Hommel RK, (1994) Formation and function of biosurfactants for degradation of water-insoluble substrates. In: Ratledge C. (eds) Biochemistry of microbial degradation. Springer, Dordrecht, pp. 63-87.

Iwaki H, Nakai E, Nakamura S, Hasegawa Y, (2008) Isolamento e caraterização de novas bactérias que degradam o ácido ciclo-hexilacético. Curr Microbiol 57: 107-110.

Izem R, Kingsolver JG, (2005) Variation in continuous reaction norms: Quantificação de direcções de interesse biológico. Am Nat 166:277-289.

Jetten MS, (2008) O ciclo do azoto microbiano. Environ Microbiol 10:2903-2909.

Johnson ZI, Zinser ER, Coe A, McNulty NP, Woodward EMS, Chisholm SW, (2006) Partição de nichos entre ecótipos de Prochlorococcus ao longo de gradientes ambientais no oceano. Science 311:1737-1740.

Kampfer P, Glaeser SP, Busse H-J, Abdelmohsen UR, Ahmed S, Hentschel U (2015) *Actinokineospora spheciospongiae* sp. nov., isolada da esponja marinha *Spheciospongia vagabunda*. IntJ Syst Evol Microbiol 65:879-884.

Keith H, (2015) The Source of U.S. EPA's Sixteen PAH Priority Pollutants Polycycl Aromat Compd 35:147-160.

Kirchman DL, Malmstrom RR, Cottrell MT, (2005) Controlo do crescimento bacteriano pela temperatura e matéria orgânica no Ártico ocidental. Deep-sea Res pt II 52:33863395.

Lampert Y, Kelman D, Dubinsky Z, Nitzan Y, Hill RT, (2006) Diversidade de bactérias cultiváveis no muco do coral do Mar Vermelho *Fungia scutaria*. FEMS Microbiol Ecol 58:99108.

Lee EH, Cho KS, (2008) Caracterização da degradação do ciclohexano por *Rhodococcus* sp. EC1. Chemosphere 71:1738-1744.

Lee LH, Zainal N, Azman AS, Eng SK, Ab Mutalib NS, Yin WF, Chan KG, (2014) *Streptomyces pluripotens* sp. nov., um estreptomiceto produtor de bacteriocina que inibe *Staphylococcusaureus* resistente à meticilina. IntJ Syst Evol Microbiol 64:3297-3306.

Ling LL, Schneider T, Peoples AJ, Spoering AL, Engels I, Conlon BP, Mueller A, Hughes DE, Epstein S, Jones M, Lazarides L, Steadman VA, Cohen DR, Felix CR, Fetterman KA, Millett WP, Nitti AG, Zullo AM, Chen C, Lewis K, (2015) Um novo antibiótico mata os agentes patogénicos sem resistência detetável. Nature 517:455-459.

Liu C, Wang W, Wu Y, Zhou Z, Lai Q, Shao Z, (2011) Sistemas múltiplos de hidroxilase de alcano num degradador de alcano marinho, *Alcanivorax dieselolei* B-5. Environ Microbiol 13:1168-1178.

Lopez-Urrutia A, Moran XAG, (2007) A limitação de recursos da produção bacteriana influencia a dependência da temperatura do ciclo do carbono oceânico. Ecology 88:817-822.

Mapelli F, Scoma A, Michoud G, Aulenta F, Boon N, Borin S, Kalogerakis N, Daffonchio D, (2017) Biotechnologies for marine oil spill cleanup: indissoluble ties with microorganisms. Trends Biotechnol 35:860-870.

Mason OU, Hazen TC, Borglin S, Chain PS, Dubinsky EA, Fortney JL, Han J, Holman HY, Hultman J, Lamendella R, Mackelprang R, Malfatti S, Tom LM, Tringe SG, Woyke T, Zhou J, Rubin EM, Jansson JK, (2012) Metagenoma, metatranscriptoma e sequenciação de uma única célula revelam a resposta microbiana ao derrame de petróleo da Deepwater Horizon. ISME J (2010) 6:1725-1727.

McCarren J, Becker JW, Repeta DJ, Shi Y, Young CR, Malmstrom RR, Chisholm SW, DeLong EF, (2010) Microbial community transcriptomes reveal microbes and metabolic pathways associated with dissolved organic matter turnover in the sea. Proc Natl Acad Sci USA 107:16420-16427.

McNutt M, Camilli R, Guthrie G, Hsieh P, Labson V, Lehr B, Maclay D, Ratzel A, Sogge M, (2011) Assessment of flow rate estimates for the Deepwater Horizon/Macondo well oil spill. Relatório do Grupo Técnico de Caudais para o Comando Nacional de Incidentes, Grupo de Soluções Interagências.

Menn FM, Applegate BM, Sayler GS, (1993) Catabolismo mediado por plasmídeo NAH de antraceno e fenantrenos a ácidos naftóicos. Appl Environ Microbiol 59:19381942.

Miller AR, Densmore CD, Degens ET, Hathaway JC, Manheim FT, McFarlin PF, Pocklington R, Jokela A, (1966) A hot brines and recent iron deposits in deeps of the Red Sea. Geochim Cosmochim Ata 30:341-359.

Murrell MC, Hagy III JD, Lores EM, Greene RM, (2007) Produção de fitoplâncton e distribuição de nutrientes num estuário subtropical: importância do fluxo de água doce. Estuaries Coasts 30:390-402.

Mustafa GA, Abd-Elgawad A, Ouf A, Siam R, (2016) O microbioma costeiro do Mar Vermelho egípcio: Um estudo que revela respostas microbianas diferenciais a diferentes poluentes antropogénicos. Environ Pollut 214:892-902.

Muyzer G, Stams AJM, (2008) The ecology and biotechnology of sulphate- reducing bacteria. Nature Rev Microbiol 6:441-454.

Ngugi DK, Antunes A, Brune A, Stingl U, (2012) Biogeografia do bacterioplâncton pelágico através de um gradiente antagónico de temperatura-salinidade no Mar Vermelho. Mol Ecol 21:388-405.

Ngugi DK, Stingl U, (2012) Análises combinadas dos loci ITS e dos genes 16S rRNA correspondentes revelam uma elevada micro e macro-diversidade das populações SAR11 no Mar Vermelho. PLoS One 7:e50274.

Noordman WH, Janssen DB, (2002) Rhamnolipid estimula a absorção de compostos hidrofóbicos por *Pseudomonas aeruginosa*. Appl Environ Microbiol 68:45024508.

Equipa Consultiva Científica Operacional (OSAT) (2010) Summary Report on Marine and Surface Oil and Dispersant Detection: Sampling and Monitoring [Relatório de síntese sobre a deteção de hidrocarbonetos marinhos e de superfície e de dispersantes: amostragem e monitorização]. 17 de dezembro de 2010 [documento WWW]. URL http://www.restorethegulf.gov/ release/2010/12/16/data-analysis-and-findings.

Oren A, (2008) Microbial life at high salt concentrations: phylogenetic and metabolic diversity. Sal Syst 4:2.

Paramasivam N, Ben-Dov E, Arotsker L, Kushmaro A, (2013) *Eilatimonas milleporae* gen.

nov., sp. nov., uma bactéria marinha isolada do hidrocoral *Millepora dichotoma*. IntJ Syst Evol Microbiol 63:1880-1884.

Passow U, (2016) Formação de neve marinha oleosa e de afundamento rápido. Deep-Sea Res. II 21;8:676

Pena-Garcia D, Ladwig N, Turki AJ, Mudarris MS, (2014) Entrada e dispersão de nutrientes da área da grande Jeddah, Mar Vermelho. Mar Pollut Bull 80:41-51.

Pinyakong O, Habe H, Supaka N, Pinpanichkarn P, Juntongjin K, Yoshida T, Furihata K, Nojiri H, Yamane H, Omori T, (2000) Identificação de novos metabolitos na degradação do fenantreno por *Sphingomonas* sp. estirpe P2. FEMS Microbiol Lett 191: 115-121.

Pinyakong O, Habe H, Omori T, (2003a) Os genes catabólicos aromáticos únicos em sphingomonads que degradam hidrocarbonetos aromáticos policíclicos. J Gen Appl Microbiol 49: 1-9.

Pinyakong O, Habe H, Yoshida T, Nojiri H, Omori T, (2003b) Identificação de três novas salicilato 1-hidroxilases envolvidas na degradação do fenantreno de *Sphingobium* sp. estirpe P2. Biochem Biophys Res Co 301:350-357.

Qian P-Y, Wang Y, Lee OO, Lau SCK, Yang J, Lafi FF, Al-Suwailem A, Wong TYH, (2011) Vertical stratification of microbial communities in the Red Sea revealed by 16S rDNApyrosequencing. ISMEJ 5:507-518.

Qurban MA, Balala AC, Kumar S, Bhavya PS, Wafar M, (2014) Produção primária no norte do Mar Vermelho. J Mar Syst 132:75-82.

Raitsos DE, Pradhan Y, Brewin RJW, Stenchikov G, Hoteit I, (2013) Deteção remota da sucessão sazonal do fitoplâncton no Mar Vermelho. PLoS One 8:e64909.

Ramseur JL, (2010) Deepwater horizon oil spill: the fate of the oil. Washington, DC: Serviço de Investigação do Congresso, Biblioteca do Congresso.

Redmond MC, Valentine DL, (2012) O gás natural e a temperatura estruturaram uma resposta da comunidade microbiana ao derrame de petróleo da Deepwater Horizon. Proc Natl Acad Sci USA 109:20292-20297.

Resnick SM, Lee K, Gibson DT, (1996) Diverse reactions catalysed by naphthalene dioxygenase from *Pseudomonas* sp. strain NCIB 9816 J Ind Microbiol Biotechnol 17:438-457.

Rivkin R, Anderson M, Lajzerowicz C, (1996) Microbial processes in cold oceans. Relação entre temperatura e taxa de crescimento bacteriano. Aquat Microb Ecol 10: 243-254.

Rojo F, (2009) The degradation of alkanes by bacteria. Environ Microbiol 11: 24772490.

Sagar S, Esau L, Hikmawan T, Antunes A, Holtermann K, Stingl U, Bajic VB, Kaur M, (2013) Avaliações citotóxicas e apoptóticas de bactérias marinhas isoladas da interface água salgada do Mar Vermelho. BMCComplementAltern Med 13:29.

Scoma A, Yakimov MM, Daffonchio D, Boon N, (2017) Capacidade de auto-cura de ecossistemas de águas profundas afectados por hidrocarbonetos de petróleo. Relatórios EMBO 18:868-872.

Shnit-Orland M, Sivan A, Kushmaro A, (2010) *Shewanella corallii* sp. nov., uma bactéria marinha isolada de um coral do Mar Vermelho. Int J Syst Evol Microbiol 60:2293-2297.

Simon MJ, Osslund TD, Saunders R, Ensley BD, Suggs S, Harcourt A, Suen WC, Cruden DL, Gibson DT, Zylstra GJ, (1993) Sequências de genes que codificam a naftaleno dioxigenase em *Pseudomonas putida* estirpes G7 e NCIB 9816-4. genes 127, 31-37.

Sohngen C, Podstawka A, Bunk B, Gleim D, Vetcininova A, Reimer LC, Ebeling C, Pendarovski C, Overmann J, (2016) BacDive. A metabase de dados sobre a diversidade bacteriana em 2016 Nucleic Acids Res. 44: D581-D585.

Souvermezoglou E, Metzl N, Poisson A, (1989) Red Sea budgets of salinity, nutrients and carbon calculated in the Strait of Bab-El-Mandab during the summer and winter seasons. J Mar Res 47:441-456.

Staley JT, Konopka A, (1985) Measurement of in situ activities of nonphotosynthetic microorganisms in aquatic and terrestrial habitats. Ann Rev Microbiol 39:321-346.

Taylor GT, Muller-Karger FE, Thunell RC, Scranton MI, Astor Y, Varela R, Ghinaglia LT, Lorenzoni L, Fanning KA, Hameed S, Doherty O, (2012) Respostas dos ecossistemas no sul do Mar das Caraíbas às alterações climáticas globais. Proc Natl Acad Sci 109:19315-19320.

Thisse Y, Guennoc P, Pouit G, Nawab Z, (1983) The Red Sea: a natural geodynamic and metallogenic laboratory. Episodes 3:3-9.

Thompson LR, Field C, Romanuk T, Kamanda Ngugi D, Siam R, El Dorry H, Stingl U, (2013a) Padrões de especialização ecológica entre populações microbianas no Mar Vermelho e em vários ambientes marinhos oligotróficos. Ecol Evol 3:1780.

Thompson LR, Metagenomics in the Red Sea (Metagenómica no Mar Vermelho). In: Nelson KE (ed) Encyclopedia of Metagenomics. Springer (2013b) Nova Iorque, pp. 1-9-1797.

Transportation Research Board e National Research Council. (2003) Oil in the Sea III: Inputs, Fates, and Effects. Washington, DC: The National Academies Press. https://doi.org/10.17226/10388.

Trommer G, Siccha M, Rohling E, Grant K, Van der Meer MT, Schouten S, Baranowski U, Kucera M, (2011) Sensibilidade da circulação do Mar Vermelho ao nível do mar e à insolação durante o último interglaciar. Clim Past 7:941-955.

Valentine DL, Kessler JD, Redmond MC, Mendes SD, Heintz MB, Farwell C, Hu L, Kinnaman FS, Yvon-Lewis S, Du M, Chan EW, Garcia Tigreros F, Villanueva CJ, (2010) Propane respiration jump-starts microbial response to a deep oil spill. Ciência 330:208211.

Valentine DL, Mezic I, Macesic S, Crnjaric-Zic N, Ivie S, Hogan PJ, Fonoberov VA, Loire S, (2012) Autoinoculação dinâmica e ecologia microbiana de uma irrupção de hidrocarbonetos em águas profundas. Proc Natl Acad Sci USA 109:20286-20291.

Vazquez-Dominguez E, Vaque D, Gasol JM, (2007) Ocean warming increases respiration and carbon demand of coastal microbial plankton. Glob Change Biol 13:1327- 1334.

Viggor S, Joesaar M, Vedler E, Kiiker R, Parnpuu L, Heinaru A, (2015) Ocorrência de diversos genes alkane hydroxylase *alkB* em bactérias indígenas que degradam o petróleo das águas superficiais do Mar Báltico. Mar Pollut Bull 101:507-516.

Vila J, Maria Nieto J, Mertens J, Springael D, Grifoll M, (2010) Microbial community structure of a heavy fuel oil-degrading marine consortium: linking microbial dynamics with polycyclic aromatic hydrocarbon utilisation. FEMS Microbiol Ecol. 73:34962.

Yao F, Hoteit I, Pratt LJ, Bower AS, Zhai P, Kohl A, Gopalakrishnan G, (2014a) Seasonal overturning circulation in the Red Sea: 1. Model validation and summer circulation. J Geophys Res Ocean 4:2238-2262.

Yao F, Hoteit I, Pratt LJ, Bower AS, Kohl A, Gopalakrishnan G, Rivas D, (2014b) Seasonal overturning circulation in the Red Sea: 2. Winter circulation. J Geophys Res Ocean 4:2263-2289.

Wang W, Shao Z, (2013) Enzimas e genes envolvidos na degradação aeróbica de alcanos. Front Microbiol 4: 116.

Wang W, Shao Z, (2014) A rede de metabolismo de alcanos de cadeia longa de Alcanivorax diesolei. Nat Commun 5:5755.

Capítulo 2

Alcanivorax marisrubri sp. nov. isolado do Mar Vermelho

2.1 . Introdução

O género *Alcanivorax* foi proposto pela primeira vez para a descrição de uma bactéria marinha isolada do Mar do Norte, *Alcanivorax borkumensis* (Yakimov *et al.*, 1998). A descrição do género foi alargada em 2003 com a descrição de *A. venustensis* e a reclassificação de *A. jadensis* (Fernandez-Martinez *et al.*, 2003). Mais de vinte anos depois, o género *Alkanivorax* incluía 11 espécies descritas: *A. balearicus* (Rivas *et al.* 2007), *A. borkumensis* (Yakimov *et al.* 1998), *A. dieselolei* (Liu & Shao 2005), *A. gelatiniphagus* (Kwon *et al.* 2015), *A. hongdengensis* (Wu *et al.* 2009), *A. jadensis* (Fernandez-Martinez *et al.* 2003), *A. marinus* (Lai *et al.* 2013), *A. nanhaiticus* (Lai *et al.* 2016), *A. pacificus* (Lai *et al.* 2011), *A. venustensis* (Bruns & Berthe-Corti 1999) e *A. xenomutans* (Rahul *et al.* 2014). Todos os membros do género *Alcanivorax* foram isolados em ambientes marinhos e incluem bactérias ubíquas que degradam alcanos.

O género *Alcanivorax* alberga bastonetes Gram-negativos, aeróbios, móveis ou imóveis que são bactérias hidrocarbonoclásticas obrigatórias, são quimio-organotróficos e toleram concentrações elevadas de sal (Kwon *et al.* 2015). As espécies de Alcanivorax estão amplamente distribuídas no ambiente marinho (Mar do Norte, Sul da China, Coreia do Sul, Índia, Espanha, etc.) e ocupam uma variedade de nichos ecológicos, como a água do mar e os sedimentos marinhos. No entanto, não foram realizados levantamentos sobre a diversidade de *espécies de Alkanivorax* no Mar Vermelho, embora este mar tenha caraterísticas hidrológicas, físicas e climáticas únicas, incluindo a mais alta temperatura, salinidade e oligotrofia de qualquer bacia oceânica na Terra (Thisse *et al.*, 1983; Chase *et al.*, 2006).

Para melhor compreender o seu papel no ambiente marinho, o presente estudo teve como objetivo classificar duas bactérias marinhas, as estirpes ALC70 e ALC75, isoladas a 1000 m e 10 m de profundidade, respetivamente, no Mar Vermelho, numa tentativa de caraterizar as bactérias marinhas que podem estar envolvidas na degradação do petróleo bruto. Uma análise comparativa da sequência do gene 16S rRNA revelou que ambas as estirpes pertencem ao género *Alcanivorax*. Apresento dados que apoiam a descrição de uma nova espécie deste género.

2.2 Materiais e métodos

2.2.1 Estirpes bacterianas e condições de crescimento

As estirpes ALC70 e ALC75 foram isoladas durante o cruzeiro InDeepSW0416, em abril de 2016, a bordo do R/V Thuwal, no sul do Mar Vermelho, a 1000 m e 10 m de profundidade, respetivamente, na estação SR3 (18.97N, 39.54E). A amostragem da água foi efectuada utilizando um sistema de rosetas Niskin. As culturas líquidas em microcosmos foram estabelecidas utilizando 5 ml de água do mar como inóculo e 45 ml de água do mar filtrada (FSW). Foi adicionado óleo leve da Arábia como única fonte de carbono (1 % v/v). [24]Foram então adicionados ureia e fosfato de potássio monobásico (KH PO) como fontes de azoto e fósforo. As culturas líquidas foram transferidas para meios frescos um total de quatro vezes de 15 em 15 dias. Foram retirados cinco ml da cultura líquida e transferidos para um novo microcosmo (volume final de 50 ml com

[24]FSW) com petróleo bruto fresco, KH PO e ureia. [th]Após a transferência de 5 , 100 pl da cultura líquida foram utilizados para a seleção de culturas numa placa de Petri. [5-0]O rastreio foi efectuado utilizando diluições em série de 10 a 10 do microcosmo enriquecido. [24]O meio nas placas tinha a mesma composição que o microcosmo líquido (FSW, óleo, ureia, KH PO e ágar). Os isolados putativos foram repetidamente vertidos em placas de Petri FSW-óleo para garantir a pureza das colónias. As estirpes foram então cultivadas aerobicamente durante 2 dias a 26°C em caldo marinho (BD, EUA). As culturas bacterianas foram armazenadas a -80°C em caldo marinho 2216 (BD, U.S.A.) com 20% (v/v) de glicerol.

2.2.2 Sequenciação do genoma e análise filogenética

O ADN genómico foi isolado utilizando o kit QIAGEN Genomic-tip 100/G. As culturas cultivadas de um dia para o outro a 26 °C em caldo marinho (BD) foram centrifugadas a 4500 g durante 10 minutos e o pellet de células foi recuperado. A extração de ADN foi efectuada utilizando o protocolo Qiagen Tip 100/G para assegurar a extração de fragmentos de ADN de grandes dimensões (50-100 Kb). A concentração foi medida com o Qubit High Sensitivity Kit (Thermo-Fischer Scientific) e o controlo de qualidade foi efectuado com o Bioanalyzer 2100 (Agilent). Os genomas foram anotados utilizando um pipeline de anotação automatizado para genomas microbianos, INDIGO (INtegrated Data Warehouse of Microbial GenOmes; Alam *et al.* 2013). As sequências do gene 16S rRNA foram extraídas dos resultados da anotação. Em seguida, foram alinhadas com as outras espécies descritas de Alcanivorax usando o software SILVA Incremental Aligner (SINA) (Pruesse *et al.* 2012). A análise filogenética foi realizada com o software RAxML, utilizando o modelo de substituição GTRCAT com o critério de bootstrapping autoMRE, tal como proposto por Pattengale *et al.* (2010).

2.2.3 Comparação de genomas e análises de assinaturas genómicas

Os genomas das nossas duas estirpes ALC70 e ALC75 e o de *Alcanivorax venustensis* DSM 13974 foram comparados com os de *Alcanivorax borkumensis* SK2, *Alcanivorax dieselolei* B5, *Alcanivorax jadensis* T9 e *Alcanivorax pacificus* W11-5 (Schneiker *et al.* 2006; Lai *et al.* 2012; Lai e Shao 2012). Todos os genomas sequenciados foram obtidos a partir do GenBank. As anotações COG e KEGG foram determinadas usando o banco de dados integrado de genomas e microbiomas microbianos (https://img.jgi.doe.gov/; Chen *et al.* 2017). As estimativas de hibridização DNA-DNA (DDH) foram calculadas usando a calculadora de distância genoma-a-genoma DSMZ 2.0 (GGDC) (http://ggdc.dsmz.de; Meier-Kolthoff *et al.* 2013). A identidade nucleotídica média (ANI) foi calculada com o servidor Web JSpeciesWS utilizando os parâmetros predefinidos (Richter *et al.* 2016).

2.2.4 Análises fisiológicas e bioquímicas

A capacidade das estirpes para crescerem em diferentes concentrações de NaCl (0-15% p/v) e em diferentes temperaturas (4-50°C) foi investigada utilizando caldo marinho. Os testes de salinidade foram efectuados a 26°C, enquanto o crescimento à temperatura foi realizado a 4,5% de NaCl. Foram realizadas outras caracterizações fisiológicas e bioquímicas utilizando diferentes placas Biolog GN (Biolog), incluindo pH, fontes de carbono e azoto. A composição dos ácidos gordos celulares, quinonas respiratórias e lípidos polares foi analisada pelos laboratórios do Serviço de Identificação da DSMZ (Coleção Alemã de Microrganismos e Organismos Microbianos).

Cell Cultures, Braunschweig, Alemanha). A morfologia celular foi analisada através de microscopia eletrónica de transmissão e de varrimento. A motilidade foi analisada através de microscopia de contraste de fase.

2.3 Resultados e discussão

A análise das sequências completas do gene 16S rRNA mostrou que as estirpes ALC70 e ALC75 estavam agrupadas num grupo juntamente com *Alcanivorax venustensis* ISO4 e eram distintas de *Alcanivorax gelatiniphagus* MEBiC08158, *Alcanivorax marinus* R8-12, *Alcanivorax* sp. N3 7a e *Alcanivorax pacificus* W11 6, como mostra a árvore filogenética do género *Alcanivorax* (Figura 2.1). A semelhança das sequências do gene 16S rRNA de ALC70 e ALC75 foi de 99,80 %. A semelhança das sequências do gene 16S rRNA de ambas as estirpes com as de *Alcanivorax venustensis* ISO4 foi de 97,8 %, enquanto foi inferior a 97 % para as outras espécies descritas.

Como a percentagem de semelhança das sequências do gene 16S rRNA entre as estirpes ALC70 e ALC75 e *A. venustensis* ISO4 era superior a 97%, o limiar habitual para a delimitação de espécies, efectuei uma análise filogenética dos genes marcadores conservados para determinar se as duas estirpes pertencem à espécie *A. venustensis*. Uma vez que o genoma de *A. venustensis* ISO4 não estava disponível, determinei a sua sequência para comparações posteriores (Figura 2.2). Os resultados mostraram que ambas as estirpes foram agrupadas e separadas das outras espécies de Alcanivorax previamente descritas, incluindo *A. venustensis*.

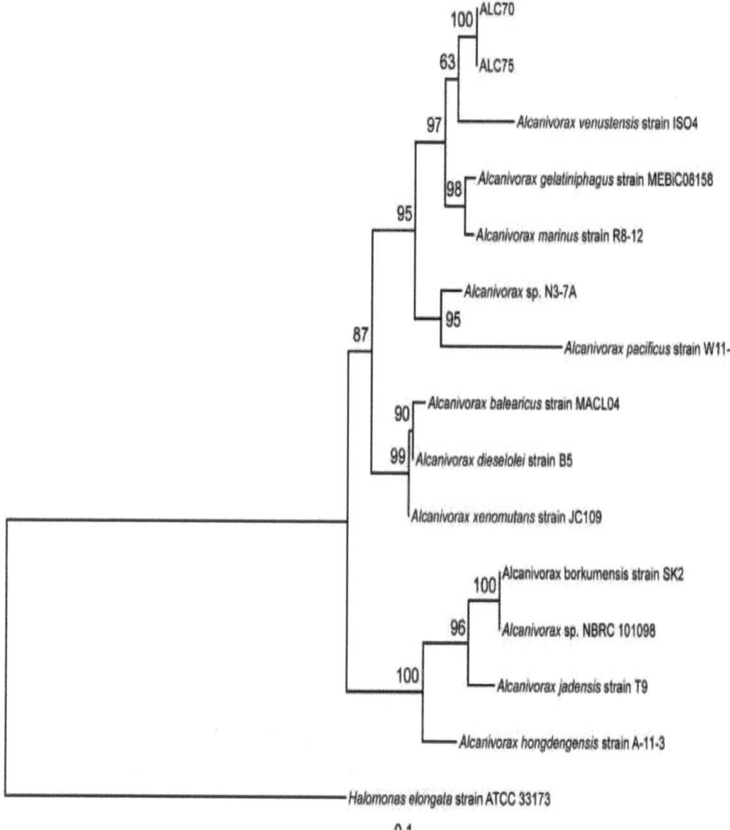

Figura 2.1: Árvore filogenética mostrando a posição das estirpes ALC70 e ALC75 em relação às outras espécies-tipo dentro do género *Alcanivorax*. A árvore foi inferida a partir de 1313 caraterísticas correspondentes da sequência do gene 16S rRNA de acordo com o critério de máxima verosimilhança e enraizada com *Halomonas elongata*. Os ramos são escalonados de acordo com o número esperado de substituições por sítio. Os números acima dos ramos são valores de suporte de 550 repetições bootstrap.

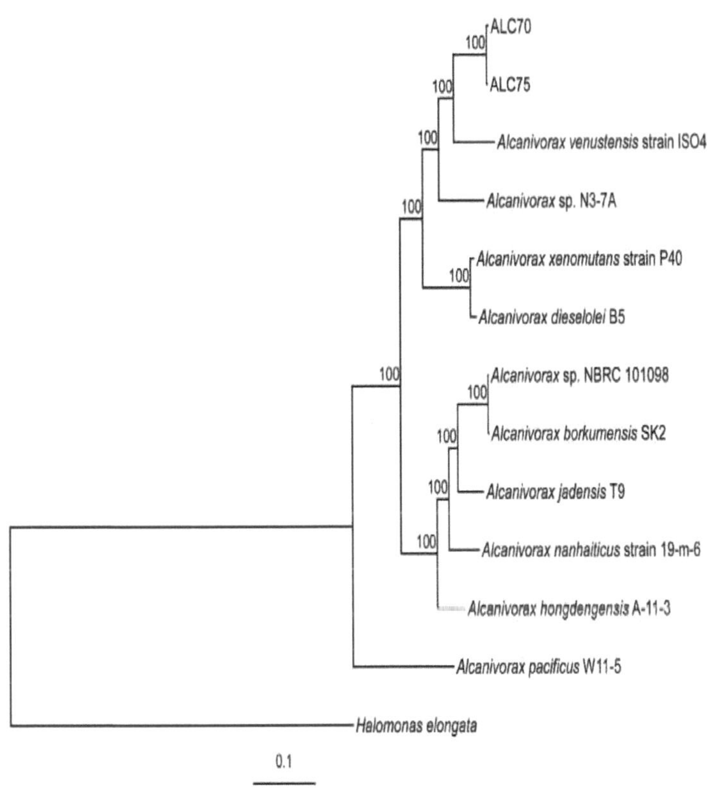

Figura 2.2: Árvore filogenética utilizando uma análise de máxima verosimilhança particionada que resume 107 genes essenciais de cópia única do genoma de *A. marisrubri* ALC70 e ALC75 em comparação com as outras espécies-tipo do género *Alcanivorax* cujo genoma foi determinado. A árvore foi criada usando o software bcgTree (Ankenbrand e Keller 2016) e enraizada com *Halomonas elongata*. Os números nos nós denotam os valores de suporte bootstrap resultantes de 100 repetições bootstrap.

As caraterísticas do genoma das estirpes ALC70 e ALC75 eram semelhantes em termos de percentagem de GC a ~66 mol% e diferiam ligeiramente em termos de tamanho a 4,2 e 4,5 Mb para ALC70 e ALC75, respetivamente. Em comparação com as outras espécies descritas, têm percentagens de GC mais elevadas (66,17% e 65,95%) do que as outras espécies de Alcanivorax descritas (variando entre 54,7-64,7%), e o tamanho do seu genoma foi um dos maiores. O conteúdo de CDS é proporcional ao tamanho do genoma (= 1 CDS/Mb), como nas outras espécies (Tabela 2.1).

	ALC70	ALC75	Alcanivorax borkumensis SK2	Alcanivorax dieselolei B5	Alcanivorax jadensis T9	Alcanivorax pacificus W11-5	Alcanivorax venustensis DSM 13974
Sequence size (bp)	4,198,045	4,454,343	3,120,143	4,928,223	3,629,371	4,137,438	3,604,847
Number of contigs	1	1	1	1	30	42	1
GC content (%)	66.17	65.95	54.73	61.63	58.37	62.62	64.71
Number of coding sequences	4,426	4,563	2,755	4,422	3,279	3,759	3,345

COG classification

	ALC70	ALC75	Alcanivorax borkumensis SK2	Alcanivorax dieselolei B5	Alcanivorax jadensis T9	Alcanivorax pacificus W11-5	Alcanivorax venustensis DSM 13974
Amino acid transport and metabolism	8.25%	8.10%	6.94%	6.82%	6.51%	5.69%	8.72%
Carbohydrate transport and metabolism	3.10%	2.92%	2.78%	4.15%	2.79%	3.11%	2.38%
Cell cycle control, cell division, chromosome partitioning	1.22%	1.24%	1.43%	0.99%	1.20%	1.15%	1.28%
Cell motility	2.87%	2.75%	1.56%	2.38%	1.78%	2.68%	3.40%
Cell wall/membrane/envelope biogenesis	5.30%	5.27%	7.11%	4.52%	6.40%	5.51%	6.13%
Chromatin structure and dynamics	0.03%	0.03%	0.04%	0.03%	0.08%	0.00%	0.00%
Coenzyme transport and metabolism	4.31%	4.49%	6.42%	5.11%	6.01%	5.19%	4.55%
Cytoskeleton	0.00%	0.00%	0.04%	0.03%	0.04%	0.04%	0.00%
Defense mechanisms	1.59%	1.65%	2.12%	2.30%	2.36%	3.47%	1.40%
Energy production and conversion	6.71%	6.66%	7.03%	6.15%	6.51%	6.16%	6.89%

Quadro 2.1: Caraterísticas genómicas das estirpes ALC70 e ALC75 em comparação com outros genomas de Alcanivorax

Os valores de DDH e ANI para ambas as estirpes foram calculados como sendo 86,9 % e 97,97 %, respetivamente, enquanto eram 19-26 % e 71-82 %, respetivamente, quando comparados com outras espécies do género (Quadro 2.2). Uma vez que o critério padrão de DDH é de 70 % para a discriminação de espécies e de 95-96 % para ANI (Wayne *et al.* 1987; Richter e Rossello-Mora 2009), as estirpes ALC70 e ALC75 representam dois isolados diferentes de uma nova espécie do género *Alcanivorax*.

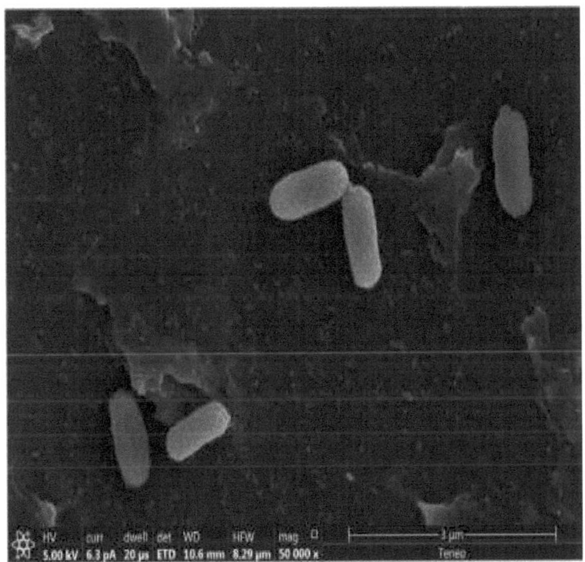

Figura 2.3: Micrografia eletrónica de varrimento da estirpe *Alcanivorax marisrubri* ALC70 cultivada em

Filtro de 0,08 pm, seco com etanol e revestido com tetróxido de ósmio.

Organism			
ALC70		ANI	GGD (%)
	ANIb	Aligned (%)	
ALC75	97.97	87.28	86.9
Alcanivorax borkumensis SK2	71.8	49.64	20.3
Alcanivorax dieselolei B5	76.37	48.55	22.1
Alcanivorax jadensis T9	74.2	47.18	20.7
Alcanivorax pacificus W11-5	72.3	39.69	19.3
Alcanivorax venustensis DSM 13974	82.16	68.46	26.0

Quadro 2.2: Caraterísticas genómicas comparativas da ALC70 com a estirpe ALC75 e outras espécies do género *Alcanivorax*.

	Alcanivorax marisrubi ALC70	*Alcanivorax borkumensis* SK2	*Alcanivorax dieselolei* B5	*Alcanivorax gelatiniphagus*	*Alcanivorax jadensis* T9	*Alcanivorax marinus*	*Alcanivorax pacificus* W11-5	*Alcanivorax venustensis* DSM 13974
Cell Length (μm)	1.2	1.2 - 2.4	0.8 - 2	1.2 - 2.4	0.8 - 1.8	1 - 1.2	1.7 - 2.3	0.9 –1.8
Cell Width (μm)	0.4	0.5 - 0.6	0.3 - 0.7	0.5 - 0.6	0.3 - 0.7	0.5 - 0.6	0.3	0.3 - 0.5
Motility, flagella arrangement	+	-	+, Lophotrichous	+, Polar	-	+, Polar	-	+, Polar
Salinity Range (%)	1 - 11	1 - 12.5	1 - 15	0.5 - 16	0.5 - 15	0.5 - 15	0.5 - 12	1 - 15
Salinity Optimum (%)	4	3 - 10	3 – 7.5	1.5 - 3	3	3	3 - 5	4
Temperature Range (°C)	20 - 45	4 - 35	15 - 45	15 - 43	10 - 40	10 - 42	10 - 42	4 - 40
Temperature Optimum (°C)	30	25 - 30	28	37 - 40	30	28	25 - 28	30
Catalase	+	+	+	+	-	+	+	+
Oxidase	+	+	+	+	+	+	+	+
denitrification	-	+	+	-	+	-	+	-
D-glucose	+	-	-	-	-	-	+	-
L-arabinose	+	-	-	-	-	-	+	-

Quadro 2.3: Diferentes caraterísticas fenotípicas da estirpe ALC70 e espécies relacionadas do género *Alcanivorax*.

Os dois novos isolados são organismos Gram-negativos, aeróbicos, em forma de bastonete, com um tamanho de célula de 1,2 pm de comprimento e 0,4 pm de largura (Figura 2.3). Ambas as estirpes toleram até 11% de NaCl e podem crescer numa gama de pH de 5-10 e a temperaturas entre 20 e 45°C, com um ótimo a 30°C (Tabela 2.3). Curiosamente, diferem de outras espécies de Alcanivorax, com exceção de *Alcanivorax pacificus* W11-5 (Lai *et al.* 2011), na sua capacidade de crescer numa gama mais ampla de fontes de carbono, como N-acetil-D-glucosamina, D-ribose, D-trealose, sacarose e a-D-glicose.

De acordo com as análises filogenéticas baseadas no gene 16S rRNA e nas sequências do genoma, bem como nas caraterísticas morfológicas e fisiológicas, as estirpes ALC70 e ALC75 representam uma nova espécie do género *Alcanivorax*, para a qual é proposto o nome *Alcanivorax marisrubri* sp. nov. (ma.ris.ru'bri. L. n. *mare, maris* o mar; L. adj. *ruber* vermelho).

2.4 Bibliografia

Alam I, Antunes A, Kamau AA, Alawi WB, Kalkatawi M, Stingl U, Bajic VB, (2013) INDIGO - Integrated data warehouse of microbial genomes with examples from the red sea extremophiles. PLoS One 8:e82210.

Ankenbrand MJ, KellerA, (2016) bcgTree: construção automatizada de árvores filogenéticas a partir de genomas nucleares bacterianos. Genoma 59:783-791.

Bruns A, Berthe-Corti L, (1999) *Fundibacterjadensis* gen. nov., sp. nov., uma nova bactéria ligeiramente halofílica isolada de sedimentos de maré. Int J Syst Bacteriol 49:441-448.

Chase Z, Paytan A, Johnson KS, Street J, Chen Y, (2006) Input and cycling of iron in the Gulf of Aqaba, Red Sea. Global Biogeochem Cycles 20:1-11.

Chen I-MA, Markowitz VM, Chu K, Palaniappan K, Szeto E, Pillay M, RatnerA, Huang J, Andersen E, Huntemann M, Varghese N, Hadjithomas M, Tennessen K, Nielsen T, Ivanova NN, Kyrpides NC, (2017) IMG/M: sistema integrado de análise de dados comparativos de genoma e metagenoma. Nucleic Acids Res 45:D507-D516.

Fernandez-MartinezJ, Pujalte MJ, Garcia-Martinez J, Mata M, Garay E, Rodriguez-Valera F, (2003) Descrição de *Alcanivorax venustensis* sp. nov. e reclassificação de *Fundibacterjadensis* DSM 12178T (Bruns e Berthe-Corti 1999) como *Alcanivoraxjadensis* comb. nov., membros do género *Alcanivorax* emendado. Int J Syst Evol Microbiol 53:331-338.

Kwon KK, Oh JH, Yang SH, Seo HS, Lee JH, (2015) *Alcanivorax gelatiniphagus* sp. nov., uma bactéria marinha isolada de sedimentos de planície de maré enriquecidos com petróleo bruto. Int J Syst Evol Microbiol 65:2204-2208.

Lai Q, Li W, Shao Z, (2012) Sequência completa do genoma da estirpe B5 de *Alcanivorax dieselolei*. J Bacteriol 194:6674-6674.

Lai Q, Shao Z, (2012) Sequência do genoma de uma bactéria degradadora de alcanos, *Alcanivoraxpacificus* Type Strain W11-5, isolada de sedimentos de mar profundo. J Bacteriol 194:6936-6936.

Lai Q, Wang J, Gu L, Zheng T, Shao Z, Tianling Zheng C, (2013) *Alcanivorax marinus* sp. nov., isolado de águas marinhas profundas. Int J Syst Evol Microbiol 63:4428-4432.

Lai Q, Wang L, Liu Y, Fu Y, Zhong H, Wang B, Chen L, Wang J, Sun F, Shao Z, (2011) *Alcanivorax pacificus* sp. nov., isolado de um consórcio de degradação de pireno em águas profundas. IntJ Syst Evol Microbiol 61:1370-1374.

Lai Q, Zhou Z, Li GZ, Li GY, Shao Z, (2016) *Alcanivorax nanhaiticus* sp nov., isolado de sedimentos de mar profundo. Int J Syst Evol Microbiol 66:3651-3655.

Liu C, Shao Z, (2005) *Alcanivorax dieselolei* sp. nov., uma nova bactéria degradadora de alcanos isolada da água do mar e de sedimentos de profundidade. Int J Syst Evol Microbiol 55:1181-1186.

Meier-KolthoffJP, Auch AF, Klenk H-P, Goker M, (2013) Delimitação de espécies baseada na sequência do genoma com intervalos de confiança e funções de distância melhoradas. BMC Bioinformatics 14:60.

MillerAR, Densmore CD, Degens ET, HathawayJC, Manheim FT, McFarlin PF, Pocklington R, Jokela A, (1966) Hot brines and recent iron deposits in deeps ofthe Red Sea. Geochim Cosmochim Ata 30:341-359.

Pattengale ND, Alipour M, Bininda-Emonds ORP, Moret BME, Stamatakis A, (2010) How Many Bootstrap Replicates Are Necessary? J Comput Biol 17:337-354.

Pruesse E, PepliesJ, Glockner FO, (2012) SINA: Alinhamento preciso de sequências múltiplas de alto rendimento de genes de RNA ribossómico. Bioinform 28:1823-1829.

Rahul K, Sasikala C, Tushar L, Debadrita R, Ramana CV, (2014) *Alcanivorax xenomutans* sp nov., bactéria hidrocarbonoclástica isolada de um tanque de cultivo de camarão. IntJ Syst Evol Microbiol 64:3553-3558.

Richter M, Rossello-Mora R, (2009) Shifting the genomic gold standard for the prokaryotic species definition. Proc Natl Acad Sci 106:19126-19131.

Richter M, Rossello-Mora R, Oliver Glockner F, Peplies J, (2016) JSpeciesWS: um servidor Web para a circunscrição de espécies procarióticas com base na comparação de genomas por pares. Bioinform 32:929-931.

Rivas R, Garcia-Fraile P, PeixA, Mateos PF, Martinez-Molina E, Velazquez E, (2007) *Alcanivorax balearicus* sp. nov. isolado do Lago Martel. Int J Syst Evol Microbiol 57:1331-1335.

Schneiker S, dos Santos VAM, Bartels D, Bekel T, Brecht M, BuhrmesterJ, Chernikova TN, Denaro R, Ferrer M, Gertler C, Goesmann A, Golyshina O V., Kaminski F, Khachane AN, Lang S, Linke B, McHardy AC, Meyer F, Nechitaylo T, et al (2006) Genome sequence ofthe ubiquitous hydrocarbon-degrading marine bacterium *Alcanivorax borkumensis*. Nat Biotechnol 24:997-1004.

Thisse Y, Guennoc P, Pouit G, Nawab Z, (1983) The Red Sea: a natural geodynamic and metallogenic laboratory. Episodes 3:3-9.

Wayne LG, Brenner DJ, Colwell RR, Grimont PAD, Kandler O, Krichevsky MI, Moore LH, Moore WEC, Murray RGE, Stackebrandt E, Starr MP, Truper HG, (1987) Report of the ad hoc committee on reconciliation of approaches to bacterial systematics. IntJ Syst Evol Microbiol 37:463-464.

Wu Y, Lai Q, Zhou Z, Qiao N, Liu C, Shao Z, (2009) *Alcanivorax hongdengensis* sp. nov., uma bactéria degradadora de alcanos isolada da água do mar de superfície dos estreitos de Malaca e Singapura, que produz um lipopeptídeo como biossurfactante. IntJ Syst Evol Microbiol 59:1474-1479.

Yakimov MM, Golyshin PN, Lang S, Moore ERB, Abraham W-R, Lunsdorf H, Timmis KN, (1998) *Alcanivoraxborkumensis* gen. nov., sp. nov., uma nova bactéria marinha produtora de hidrocarbonetos e de surfactantes. IntJ Syst Bacteriol 48:339-348.

Capítulo 3

Caraterísticas genómicas e genómica comparativa de *Thalassospira povalilytica*

3.1 Introdução

O género *Thalassospira* foi proposto pela primeira vez para descrever uma bactéria marinha isolada do Mar Mediterrâneo (Lopez-Lopez *et al.* 2002). Mais de quinze anos depois, foram descritas 12 espécies, incluindo *T. alkalitolerans* (Tsubouchi *et al.* 2014), *T. mesophila* (Tsubouchi *et al.* 2014), *T. lucentensis* (Lopez-Lopez *et al.* 2002), *T. povalilytica* (Nogi *et al.* 2014), *T. profundimaris* (Liu *et al.* 2007), *T. xiamenensis* (Liu *et al.* 2007), *T. tepidiphila* (Kodama *et al.* 2008), *T. xianhensis* (Zhao *et al.* 2010), *T. lohafexi* (Shivaji *et al.* 2015), *T.permensis* (Plotnikova *et al.* 2011) *T. indica* (Liu *et al.* 2016) e *T. australica* (Ivanova *et al.* 2016). Várias espécies foram isoladas em meios com petróleo bruto ou hidrocarbonetos aromáticos policíclicos como fontes de carbono e mostram a capacidade de degradar uma gama de hidrocarbonetos como únicas fontes de carbono e energia, especialmente hidrocarbonetos aromáticos policíclicos (PAH) (Kodama *et al.* 2008; Kappell *et al.* 2014). Em particular, foram encontrados durante o derrame de petróleo da Deepwater Horizon em 2010 e estavam associados ao petróleo na superfície da água (Liu e Liu 2013). Os seus membros estão amplamente distribuídos no ambiente marinho (Mar da China, Oceano Pacífico, Oceano Atlântico, Oceano Índico e Mar Mediterrâneo) e ocupam uma variedade de nichos ecológicos, como a água do mar superficial e profunda, sedimentos profundos, etc. (Lai *et al.* 2014).

Recentemente, um estudo filogenético e biogeográfico de *Thalassospira*, utilizando a análise de sequências multilocus (MSLA), revelou que estas apresentam ecótipos superficiais e profundos, dependendo da profundidade da água (Lai *et al.* 2014). No entanto, além disso, não foram realizados estudos sobre a adaptação genómica das diferentes espécies isoladas de diferentes áreas geográficas.

A estirpe-tipo da espécie *T. povalilytica* foi recentemente isolada na Baía de Tóquio, Japão (Nogi *et al.* 2014). Tal como os outros membros descritos do género, a estirpe isolada, Zumi 95T, é um quimio-organotrófico Gram-negativo, não formador de esporos e facultativamente anaeróbio. Uma das suas caraterísticas é a sua capacidade de degradar o álcool polivinílico (PVA), um polímero sintético solúvel em água. O PVA é um polímero industrial com propriedades emulsionantes e adesivas, pode ser moldado em películas e recipientes e é resistente a óleos e solventes. Devido à sua versatilidade, o PVA é utilizado numa série de processos, desde a colagem de tecidos e papel até à produção de revestimentos, adesivos e sistemas de distribuição de produtos químicos (Shimao 2001). O primeiro microrganismo com a capacidade de degradar PVA, descrito em 1973, foi uma *Pseudomonas* (Suzuki *et al.* 1973) e, desde então, foram descritos vários outros degradadores de PVA, principalmente pertencentes aos géneros *Pseudomonas*, *Sphingomonas* e *Sphingopyxis* (Kawai e Hu 2009).

Numa tentativa de caraterizar as bactérias marinhas que podem estar envolvidas na degradação do petróleo bruto no Mar Vermelho, isolei dois microrganismos, as estirpes THA29 e THA68, de amostras de água do mar recolhidas a profundidades de 1000 m e 10 m, respetivamente, no Mar Vermelho. Estas duas estirpes pertencem à espécie *T. povalilytica*, o que foi confirmado após a sequenciação dos seus genomas juntamente com a estirpe de referência Zumi 95T (Nogi *et al.* 2014), que não estava disponível na altura. A hibridação in silico DNA-DNA (DDH) comparando a estirpe tipo com outros genomas disponíveis de *Thalassospira* revelou que três genomas adicionais pertencem à espécie *T. povalilytica*: *T.* sp. isolado IN19, *T.* sp. UBA2642 e *T.* sp. MCCC 1A02491. Estes genomas pertencem a estirpes isoladas de ambientes marinhos muito diferentes, nomeadamente o Pacífico Sul, o Oceano Índico e o Mar da China Meridional, demonstrando a ampla distribuição geográfica da espécie *T. povalilytica*.

Neste caso, pretendi avaliar o potencial de diferentes estirpes de *T. povalilytica* para degradar hidrocarbonetos e PVA. Utilizando a genómica comparativa, pretendi também descobrir se os diferentes ambientes em que estas estirpes foram isoladas estavam associados a diferenças nas suas caraterísticas genómicas e genéticas.

3.2 Materiais e métodos

3.2.1 Estirpes bacterianas e condições de crescimento

As estirpes THA29 e THA68 foram isoladas durante o cruzeiro InDeep SW0416 em abril de 2016 a bordo do R/V Thuwal no sul do Mar Vermelho a 1000 m e 10 m de profundidade na estação SR3 (18.97N, 39.54E). A amostragem da água foi efectuada utilizando um sistema de rosetas Niskin. As culturas líquidas em microcosmos foram estabelecidas utilizando 5 ml de água do mar como inóculo e 45 ml de água do mar filtrada (FSW) com um volume total de 50 ml. O petróleo bruto leve da Arábia foi adicionado como única fonte de carbono (1 % v/v). [24]Foram então adicionados ureia e fosfato de potássio monobásico (KH PO) como fontes de azoto e fósforo. As culturas líquidas foram transferidas um total de quatro vezes de 15 em 15 dias para enriquecer os degradadores de hidrocarbonetos. [24]Da cultura líquida, foram retirados 5 ml e transferidos para um novo microcosmo (volume final de 50 ml com FSW) com petróleo bruto nutriente fresco, KH PO e ureia. [th]Após a transferência (5), 100 pl da cultura líquida foram utilizados para a seleção de culturas numa placa de Petri. [-5,0]A seleção foi realizada com diluições em série do microcosmo enriquecido, variando de 10 a 10 . [24]As placas tinham a mesma composição que os microcosmos líquidos (FSW, óleo, ureia, KH PO e ágar). Os isolados putativos foram repetidamente semeados em placas de Petri FSW-óleo para garantir a pureza das colónias. As estirpes foram depois cultivadas aerobicamente durante 2 dias a 26°C em caldo marinho (BD, EUA). As culturas bacterianas foram armazenadas a -80°C em caldo marinho 2216 (BD, U.S.A.) com 20% (v/v) de glicerol. A estirpe-tipo Zumi 95(T) foi obtida do DSMZ e cultivada nas mesmas condições descritas acima.

3.2.2 Sequenciação genómica e análise filogenética

O ADN genómico foi isolado utilizando o kit QIAGEN Genomic-tip 100/G. As culturas colocadas de um dia para o outro a 26°C em caldo marinho (BD, EUA) foram centrifugadas durante 10 minutos a 4500 g e o pellet de células foi recuperado. A extração de ADN foi efectuada utilizando o protocolo Qiagen Tip 100/G para assegurar a extração de fragmentos de ADN de tamanho elevado (50-100 Kb). A concentração foi medida com o protocolo Qubit High Sensitivity (Thermo Fischer) e o controlo de qualidade foi efectuado com o Bioanalyzer (Agilent 2010). Os genomas foram sequenciados utilizando a plataforma PacBio. A montagem do genoma foi efectuada utilizando o software de análise SMRT (PACBIO) e o fluxo de trabalho HGAP.3 (processo hierárquico de montagem do genoma; Chin *etal.* 2013).

O isolado IN19 foi obtido a partir da composição metagenómica de uma amostra de água do mar de Tara Oceans no Pacífico Sul (Tully *et al.* 2017). O isolado UBA2642 foi também obtido a partir da composição metagenómica de uma amostra de água do mar de Tara Oceans no Oceano Índico (Parks *et al.* 2017), enquanto o genoma do isolado MCCC 1A02491 foi obtido a partir de uma cultura bacteriana pura isolada no Mar do Sul da China em 2007 (Lu *et al.* 2015).

Os genomas THA29, THA68 e Zumi 95 foram anotados usando um pipeline de anotação automatizado para genomas microbianos, INDIGO (INtegrated Data Warehouse of Microbial GenOmes; Alam *et al.* 2013). Todos os genomas sequenciados foram recuperados do GenBank, e a anotação KEGG foi determinada usando o software eggNOG-mapper (Huerta-Cepas *et al.* 2017) quando necessário. As estimativas de hibridização DNA-DNA (DDH) foram calculadas usando a calculadora de distância genoma-a-genoma DSMZ 2.0 (GGDC) (http://ggdc.dsmz.de) (Meier-Kolthoff *et al.* 2013). A completude dos genomas foi estimada utilizando o software CheckM (Parks *et al.* 2015). A árvore filogenética baseada em 107 genes essenciais de cópia única foi construída usando o software bcgTree (Ankenbrand e Keller 2016). Os grupos de genes

ortólogos entre várias estirpes foram comparados utilizando a plataforma web OrthoVenn (Wang *et al.* 2015). Os genomas foram alinhados com Blast e visualizados com o software genoPlotR (Guy *et al.* 2010). As ilhas genómicas foram extraídas utilizando a plataforma web IslandViewer 4 (Bertelli *et al.).*
2017).

3.3 Resultados e discussão

3.3.1 Descrição geral do genoma de *T. povalilytica*

O tamanho do genoma de *T. povalilytica* varia de 4.091.286 a 4.852.902 pb e tem 4.061 a 5170 ORFs previstas e um conteúdo GC de 53,75 % a 54,99 % (Tabela 3.1, Figura 3.1). A exaustividade dos projectos de genoma determinada com o software CheckM variou entre 100 e 69,9 %. Utilizando os genes nucleares bacterianos, foi construída uma árvore filogenética utilizando o genoma de *Thalassospira profundimaris* WP0211 como grupo externo (Figura 3.2; Lai e Shao 2012a). Os resultados mostraram que, juntamente com a hibridação *in silico* DNA-DNA (DDH), todos os seis genomas pertencem à espécie *T. povalilytica*. Curiosamente, podem distinguir-se três grupos, o primeiro com as estirpes THA29 e THA68, o segundo grupo com MCCC 1A02491 e Zumi 95 e o terceiro grupo com as estirpes UBA2642 e IN19. Uma vez que a exaustividade do genoma das estirpes UBA2642 e MCCC 1A02491 é inferior a 90 %, rejeitei-as para a análise seguinte. Um alinhamento do genoma das quatro estirpes restantes mostra que têm a mesma estrutura, com muito poucos rearranjos (figura 3.3).

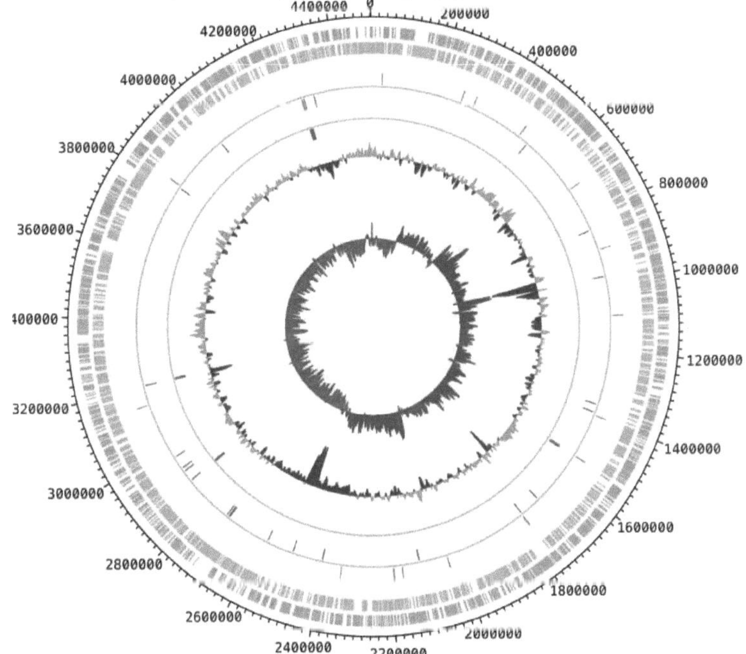

Figura 3.1: Representação circular do genoma de *T. povalilytica* Zumi 95(T). De fora para dentro, os círculos representam os CDS na cadeia direta, os CDS nas cadeias reversas, o ARNt na cadeia direta, o ARNt nas cadeias reversas, o ARNr na cadeia direta, o ARNr nas cadeias reversas, a curva do conteúdo de GC (positiva, amarelo escuro; negativa, púrpura) e a curva do desvio de GC (positiva, vermelha; negativa, verde). A posição do genoma, escalada em kb, é mostrada fora do círculo.

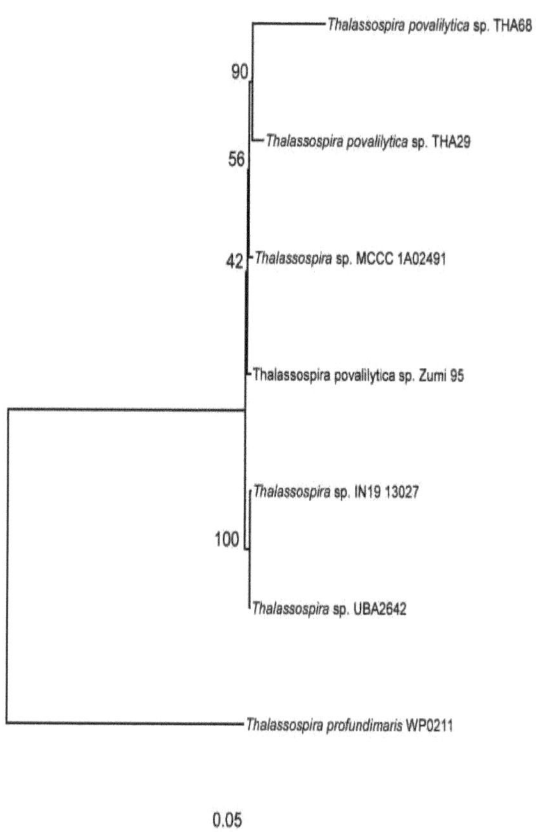

Figura 3.2: Árvore filogenética criada utilizando uma análise de máxima verosimilhança particionada que liga 107 genes essenciais de cópia única dos genomas de estirpes de *T.* povalilytica. A árvore foi gerada usando o software bcgTree (Ankenbrand e Keller 2016) e enraizada com *T. profundimaris* WP0211. Os números nos nós denotam os valores de suporte bootstrap resultantes de 100 réplicas bootstrap.

Figura 3.3: Alinhamento dos genomas das estirpes de *T.* povalilytica Zumi 95(T), THA29, THA68 e IN19. Os

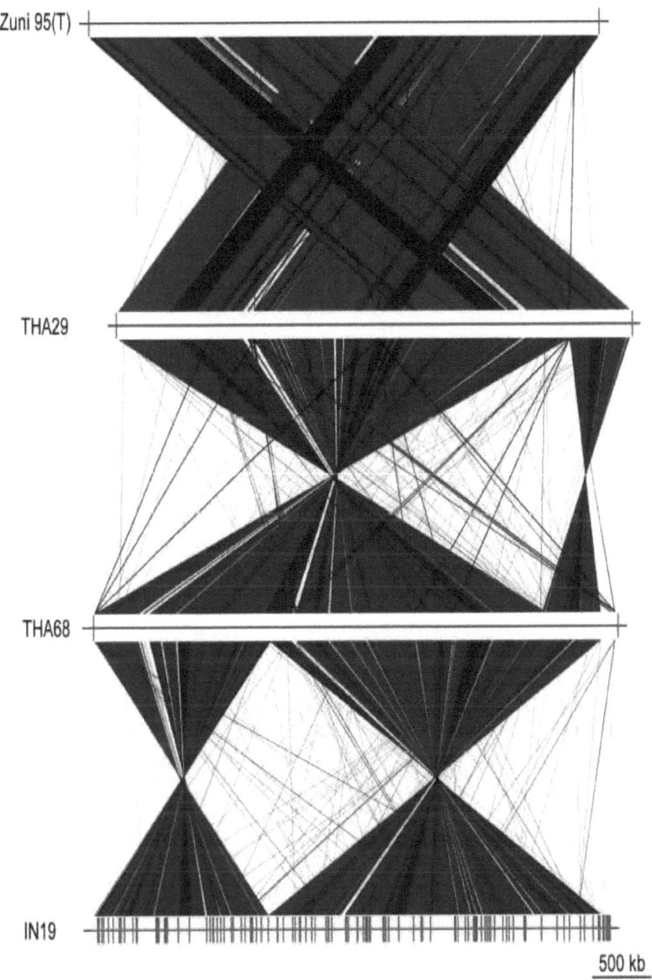

contigs das estirpes IN19 foram previamente reorganizados utilizando o software Mauve (Darling *et al.* 2004) com base na estirpe Zumi 95(T). As linhas vermelhas correspondem às cadeias em ordem inversa, enquanto as linhas azuis mostram a orientação na mesma cadeia. As barras verdes correspondem aos diferentes contigs presentes na montagem.

Strain	Size (bp)	Contigs	ORFs	G+C (%)	tRNA	rRNA	Completeness (%)	In silico DDH estimate vs *Thalassospira povalilytica* Zumi 95 T (%)
Thalassospira povalilytica Zumi 95	4501072	1	4061	54.84	62	15	100	100
Thalassospira povalilytica THA68	4629569	1	5170	54.95	70	18	99.76	76.4 - 82
Thalassospira povalilytica THA29	4521474	1	4709	54.95	66	15	99.26	76.5 - 82.2
Thalassospira sp. IN19	4539979	121	4130	53.75	60	3	98.01	76.5 - 82.1
Thalassospira sp. UBA2642	3318442 (4091286)	375	3325 (4099)	54.89	32	0	81.11	80.2 - 85.5
Thalassospira sp. MCCC 1A02491	3388296 (4852902)	33	3028 (4337)	54.99	43	2	69.82	77.4 - 82.9

Tabela 3.1: Estatísticas de montagem e anotação dos genomas de *T. povalilytica*. Os números entre parênteses para as estirpes *T.* sp. UBA2642 e *T.* sp. MCCC 1A02491 correspondem ao tamanho total estimado e ao CDS total calculado com base na integralidade dos genomas.

3.3.2 Genes ortólogos

Os genes ortólogos (OGs) são grupos de genes em diferentes estirpes/espécies que evoluíram por descendência vertical a partir de um único gene progenitor. Efectuei uma comparação de todo o genoma de grupos de genes ortólogos com as diferentes estirpes para compreender as diferenças e semelhanças entre elas. A análise revelou que as quatro estirpes partilham 3407 de um total de 4195 OGs (Figura 3.4). O número de agrupamentos únicos é bastante baixo (5-42 por estirpe), mas o número de singletons é muito mais elevado, variando entre 236 e 1055. É de notar que o número de agrupamentos de grupos ortólogos (COGs) partilhados por ambas as estirpes isoladas no Mar Vermelho (THΛ29 e THΛ68) é muito elevado, 242, sugerindo uma origem simpátrica dos dois isolados. A análise KEGG dos genes principais mostra que, como esperado, estes codificam as vias metabólicas completas da glicólise, o ciclo do citrato e das pentoses fosfato, o metabolismo do piruvato, o metabolismo do azoto, a redução assimilatória do sulfato, a quimiotaxia, a montagem flagelar e a biossíntese geral de aminoácidos.

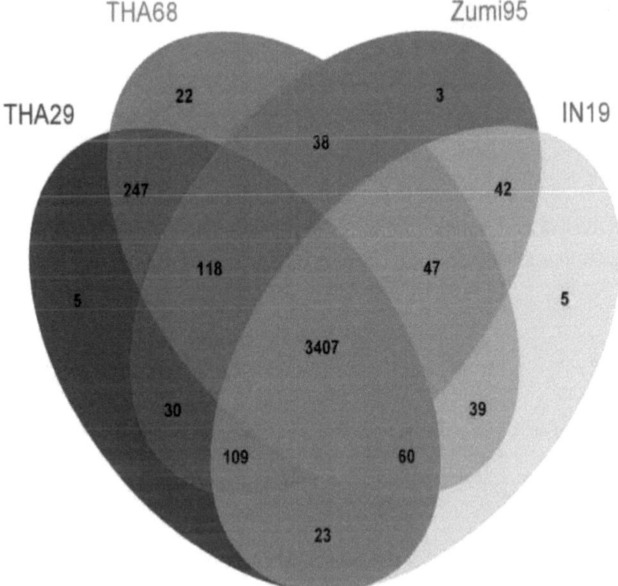

Figura 3.4: Comparação do proteoma entre as estirpes de *T. povalilytica* Zumi 95(T), THA29, THA68 e IN19. O diagrama de Venn mostra os genes ortólogos únicos e comuns de cada estirpe. Os números entre parêntesis representam os singletons dos genomas individuais.

Os genes, que só estão presentes na estirpe THA29, isolada a 1000 metros de profundidade no Mar Vermelho, codificam os transportadores de ferro (III), glicina/betaína e aminoácidos de cadeia ramificada. Estão igualmente envolvidos na degradação do piruvato em malato e na degradação do amoníaco. Os genes, presentes apenas na estirpe THA68 isolada das águas superficiais do Mar Vermelho, estão principalmente envolvidos no transporte de vários compostos (espermidina/putrescina, ferro, frutose, etc.). Os 242 COGs já mencionados, comuns às duas estirpes do Mar Vermelho, são principalmente responsáveis pela degradação do ftalato em 3,4-dihidroxibenzoato, que é depois degradado através do metabolismo do benzoato.

Trajetória de degradação, que no núcleo

nome. Outros genes pertencem ao sistema de secreção do tipo IV.

Nos genes que só estão presentes na estirpe-tipo Zumi 95(T), há um enriquecimento de genes que estão envolvidos na degradação do nitrato em nitrito (nitrato redutase e transportador de nitrato/nitrito). ₂A estirpe IN19 isolada do Pacífico possui genes únicos que codificam a degradação do CO em formiato e estão envolvidos no transporte de ramnose.

3.3.3 Ilhas genómicas e transferência horizontal de genes

Foi amplamente demonstrado que grupos inteiros de genes que codificam as vias de degradação de muitos compostos podem sofrer uma série de rearranjos, como a supressão, a duplicação, a inversão e a inserção noutros replicões. Estes grupos de genes são normalmente designados por ilhas genómicas ou associados a elementos móveis e são reconhecidos como parte de um genoma transferido horizontalmente. Utilizando a plataforma web IslandViewer 4, analisei as ilhas genómicas presentes nas diferentes estirpes (Bertelli *et al.* 2017). Os resultados resumidos no quadro 3.2 mostram que o número de ilhas genómicas nas estirpes é relativamente baixo e representa entre 1,1 e 3,4 % do tamanho do genoma.

Genome	Contigs	Number	Coordinates	Coordinates	Length	Locus tag	Products	Closest Match
IN19	NZMED1000053.1	1	1	18,943	18,942	MAL40870.1 - MAL40883.1	hypothetical proteins/ transcriptional regulator	THA29 / THA68
IN19	NZMED1000017.1	2	184	16,764	16,580	MAL39106.1 - MAL39123.1	hypothetical proteins/ formylmethanofuran dehydrogenase	Unknown
IN19	NZMED1000070.1	3	248	8,629	8,381	MAL41576.1 - MAL41583.1	hypothetical proteins/ transcription related	Unknown
IN19	NZMED1000007.1	4	654	8,122	7,468	MAL38622.1 - MAL38630.1	hypothetical protein	Unknown
THA29		1	1,113,978	1,146,831	32,853	THA29_000001375 - THA29_000001422	hypothetical proteins/Phage Proteins	Unknown
THA29		2	1,156,884	1,211,770	54,886	THA29_000001433 - THA29_000001502	hypothetical proteins/ Restriction Enzyyme / Type IV Secretion System / Phage proteins	Zumi95 / THA68
THA29		3	3,422,604	3,433,145	10,541	THA29_000004016 - THA29_000004023	hypothetical proteins/ lipopolysaccharide transport system/ Transferases	THA68
THA29		4	3,529,164	3,583,361	54,197	THA29_000004137 - THA29_000004200	hypothetical proteins /transposase/ dehydrogenase/ transcriptional regulator/ transcriptional regulator	THA68 / IN19
THA68		1	98	8,924	8,826	THA68_000000002 - THA68_000000011	Restriction enzyme / Resolvase	Starkeya novella DSM 506 / Thalassospira xiamenensis M-5
THA68		2	11,750	19,981	8,231	THA68_000000024 - THA68_000000063	hypothetical proteins / Phage replication / rRNA	Zumi95 / THA29
THA68		3	431,908	474,604	42,696	THA68_000000550 - THA68_000000607	permidine/putrescine transport / hypothetical proteins / Phage Proteins	THA29 / IN19
THA68		4	483,440	490,531	7,091	THA68_000000622 - THA68_000000630	hypothetical proteins / Phage Proteins	Unknown
THA68		5	503,420	510,164	6,744	THA68_000000656 - THA68_000000667	hypothetical proteins / Polymerase	THA29 / IN19
THA68		6	614,125	622,722	8,597	THA68_000000797 - THA68_000000807	hypothetical proteins / lipopolysaccharide transport system / Transferases	IN19
THA68		7	741,015	755,165	14,150	THA68_000000949 - THA68_000000973	hypothetical proteins/ Restriction Enzyyme / Phage proteins	Magnetospirillum sp. XM-1
THA68		8	1,757,197	1,797,883	40,686	THA68_000002216 - THA68_000002259	type IV secretion system proteins / Metal transporter	THA29
THA68		9	2,475,957	2,488,347	12,390	THA68_000003046 - THA68_000003057	Transposase/ Flagellar	Zumi95 / THA29
Zumi95		1	635,425	644,910	9,485	POVA_000000649 - POVA_000000655	hypothetical proteins	IN19/THA29/ THA68
Zumi95		2	2,510,816	2,549,261	38,445	POVA_000002342 - POVA_000002376	dTDP-L-rhamnose biosynthesis	Unknown
Zumi95		3	3,194,150	3,203,765	9,615	POVA_000002968 - POVA_000002971	polymerase/ retrotranscriptase	THA29 / THA68

Tabela 3.2: Ilhas genômicas previstas pela plataforma web Islandviewer 4.

Onze deles são os mesmos em todas as estirpes, os outros seis não foram encontrados em nenhuma das estirpes.
e dois eram semelhantes aos de outras bactérias. Como esperado, a maioria dos genes associados aos elementos móveis são proteínas hipotéticas, bem como proteínas fágicas, transportadores e enzimas envolvidas na reparação do ADN e na tradução. As duas ilhas genómicas pertencentes à estirpe THA68 não apresentam semelhanças com *T. povalilytica*, mas assemelham-se a *Magnetospirillum* sp. XM-1 (THA68-1) e *Starkeya novella* DSM 506, bem como a *T. xiamenensis* M-5 (THA68-7) (Figura 3.5). É interessante notar que os genes comuns ao THA68 e às outras estirpes são semelhantes e estão envolvidos na reparação e replicação do ADN. O cluster THA68-7 tem duas proteínas de fago, uma integrase de fago e uma proteína anotada como proteína de profago, que não foram encontradas no genoma de *Magnetospirillum* sp. XM-1. A ausência de genes catabólicos e a proporção relativamente baixa de ilhas genómicas sugerem que os genomas de *Thalassospira* são muito reduzidos e que apenas ocorrem algumas recombinações (Figura 3.3).

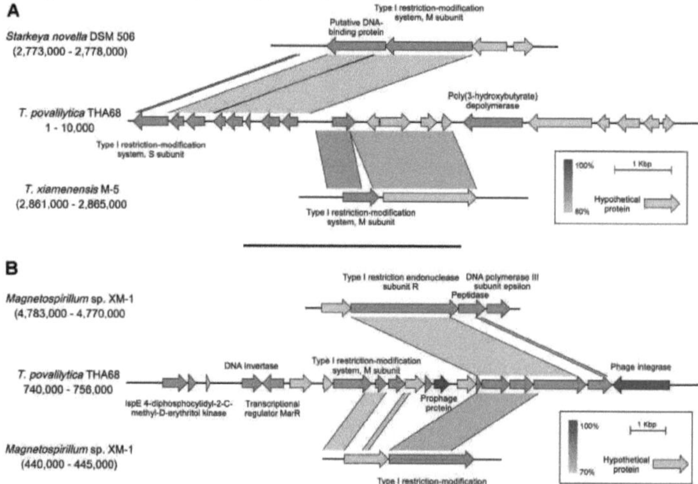

Figura 3.5: Alinhamento de uma ilha genómica de clusters de *T. povalilytica* THA68 com partes dos genomas de *Starkeya novella* DSM 506 e *Thalassospira xiamenensis* M-5 = DSM 17429 (A) e *Magnetospirillum* sp. XM-1 (B). As setas representam os genes. Os genes azuis são proteínas hipotéticas e os vermelhos são proteínas de fagos. [4]Os alinhamentos foram realizados com o software Easyfig (blastn, e-value 10; Sullivan *et al.* 2011).

3.3.4 Genes de degradação

Thalassospira povalilytica foi isolada pela primeira vez em PVA, cuja degradação tem sido estudada há mais de 70 anos. Desde então, uma série de estudos permitiu compreender em pormenor a via de degradação. A estrutura do operão, que consiste nos três genes oxiPVA hidrolase (OPH), PVA desidrogenase (PVA-DH) e citocromo c, foi determinada em *Sphingopyxis* sp. 113P3 em 2005 (Klomklang *et al.* 2005). São necessárias duas etapas para a degradação do PVA, primeiro a despolimerização extracelular pela enzima PVA-DH e depois a hidrólise sucessiva das estruturas de dicetona pela OPH (Kawai e Hu 2009). Foi demonstrado que o citocromo C é o aceitador de electrões para a PVA-DH (Mamoto *et al.* 2008). Nem o operão de degradação de PVA nem os genes foram encontrados em nenhuma das estirpes sequenciadas. Uma vez que *T. povalilytica* é capaz de degradar PVA (Nogi *et al.* 2014), suspeito que a degradação de PVA nesta espécie seja catalisada por outras proteínas que ainda não foram descritas.

A estirpe do tipo *T.* povalilytica Zumi 95(T) é incapaz de degradar n-alcanos e apenas alguns PAH, nomeadamente antraceno e fenantreno (Nogi *et al.* 2014). Curiosamente, observei que tanto *a T. povalilytica* THA29 como a THA68 foram capazes de crescer rapidamente em dodecano. *Tal* como *Thalassospira xiamenensis, T. povalilytica* não possui monooxigenases de alcano.

Para procurar genes envolvidos na degradação de hidrocarbonetos aromáticos policíclicos (PAH), utilizei a base de dados AromaDeg, que contém genes de degradação aeróbia de PAH (Duarte *et al.* 2014). Todas as quatro estirpes possuem um gene anotado como catecol 2,3-dioxigenases, que está envolvido na degradação do catecol. Como descrito acima, as estirpes THA29 e THA68 possuem genes envolvidos na degradação do ftalato.

Todos os quatro genomas analisados neste estudo carecem de genes envolvidos na degradação de PAH, como foi observado noutros membros do género *Thalassospira* (por exemplo, *T. xiamenensis* e *T. profundimaris*; Lai e Shao 2012a; Lai e Shao 2012b). Por conseguinte, são necessárias mais análises para compreender plenamente o papel do género *Thalassospira* nos consórcios de óleo onde ocorre.

3.4 Conclusão

Neste trabalho, realizei uma análise genómica comparativa de todos os genomas disponíveis da espécie *Thalassospira povalylitica*. Esta análise mostrou que as estirpes têm uma elevada percentagem de OG (81,2 %), apesar dos diferentes locais de onde foram isoladas. O número de elementos móveis também foi relativamente baixo em todos os genomas analisados, o que contrasta com a elevada plasticidade tipicamente observada em bactérias que podem degradar compostos orgânicos como os PAH (Top e Springael 2003). Em conjunto, estes dados sugerem uma estabilidade genómica que contrasta com a ampla distribuição das diferentes espécies de Thalassospira. No entanto, os genomas de algumas estirpes, como a isolada no Mar Vermelho, mostram alguns elementos que podem indicar uma adaptação ambiental, particularmente à salinidade com a presença de um transportador de glicina/betaína que é um osmoprotector (Altendorf *et al.* 2009). Uma questão importante que continua por resolver é a falta de genes ou vias conhecidas associadas à degradação de hidrocarbonetos, embora tenham sido descritos e/ou isolados representantes típicos de *Thalassospira* de consórcios que degradam hidrocarbonetos. Em geral, os dados aqui apresentados sublinham a necessidade de obter mais informações sobre o papel ecológico deste táxon marinho generalizado.

3.5 Bibliografia

Alam I, Antunes A, Kamau AA, Alawi WB, Kalkatawi M, Stingl U, Bajic VB, (2013) INDIGO - Integrated data warehouse of microbial genomes with examples from the red sea extremophiles. PLoS One 8:e82210.

Altendorf K, Booth IR, Gralla J, Greie J-CR, Rosenthal AZ, Wood JM, (2009) Osmotic stress. EcoSal Plus 3.

Ankenbrand MJ, KellerA, (2016) bcgTree: construção automatizada de árvores filogenéticas a partir de genomas nucleares bacterianos. Genoma 59:783-791.

Bertelli C, Laird MR, Williams KP, Lau BY, Hoad G, Winsor GL, Brinkman FS, (2017) IslandViewer 4: previsão alargada de ilhas genómicas para conjuntos de dados de maior escala. Nucleic Acids Res 45:W30-W35.

Chin CS, Alexander DH, Marks P, Klammer AA, Drake J, Heiner C, Clum A, Copeland A, Huddleston J, Eichler EE, Turner SW, Korlach J, (2013) Montagens de genomas microbianos acabados e não híbridos a partir de dados de sequenciação SMRT de leitura longa. Nat

Methods 10:563-569.

Darling ACE, Mau B, Blattner FR, Perna NT, (2004) Mauve: alinhamento múltiplo de sequências genómicas conservadas com rearranjos. Genome Res 14:1394-1403.

Duarte M, Jauregui R, Vilchez-Vargas R, Junca H, Pieper DH, (2014) AromaDeg, uma nova base de dados para a filogenómica da degradação bacteriana aeróbia de aromáticos. Base de dados 2014:1-12.

Guy L, Kultima JR, Andersson SGE, (2010) genoPlotR: Comparative gene and genome visualisation in R. Bioinformatics 26:2334-2335.

Huerta-Cepas J, Forslund K, Coelho LP, Szklarczyk D, Jensen LJ, von Mering C, Bork P, (2017) Anotação funcional rápida em todo o genoma através da atribuição de ortologia por eggNOG-Mapper. Mol Biol Evol 34:2115-2122.

Ivanova EP, Lopez-Perez M, Webb HK, Ng HJ, DangTHY, Zhukova N V., Mikhailov V V., Crawford RJ, Rodriguez-Valera F, (2016) *Thalassospira australica* sp. nov. isolada da água do mar. Antonie Van Leeuwenhoek 109:1091-1100.

Kappell AD, Wei Y, Newton RJ, van Nostrand JD, Zhou J, McLellan SL, Hristova KR, (2014) O potencial de degradação de hidrocarbonetos aromáticos policíclicos das comunidades microbianas costeiras nativas do Golfo do México após o derrame de petróleo da Deepwater Horizon. Front Microbiol 5:1-13.

Kawai F, Hu X, (2009) Bioquímica da degradação microbiana do álcool polivinílico. Appl Microbiol Biotechnol 84:227-237.

Klomklang *W*, Tani A, Kimbara K, Mamoto R, Ueda T, Shimao M, Kawai F, (2005) Caracterização bioquímica e molecular de uma hidrolase periplasmática para álcool polivinílico oxidado de *Sphingomonas* sp. estirpe 113P3. Microbiol 151:1255-62.

Kodama Y, Stiknowati LI, Ueki A, Ueki K, Watanabe K, (2008) *Thalassospira tepidiphila* sp. nov., uma bactéria degradadora de hidrocarbonetos aromáticos policíclicos isolada da água do mar. IntJ Syst Evol Microbiol 58:711-715.

Lai Q, Liu Y, Yuan J, Du J, Wang L, Sun F, Shao Z, (2014) Análise de sequência multilocus para avaliação da diversidade filogenética e biogeografia em bactérias *Thalassospira* de diversos ambientes marinhos. PLoS One 9:e106353.

Lai Q, Shao Z, (2012a) Sequência do genoma da estirpe WP0211 de *Thalassospira profundimaris*. J Bacteriol 194:6956-6956.

Lai Q, Shao Z, (2012b) Sequência do genoma da estirpe tipo M-5 de *Thalassospira xiamenensis* J Bacteriol 194:6957-6957.

Liu Y, Lai Q, Du J, Sun F, Shao Z, (2016) *Thalassospira indica* sp. nov., isolada da água do mar profundo. IntJ Syst Evol Microbiol 66:4942-4946.

Liu Z, Liu J, (2013) Avaliação das estruturas da comunidade bacteriana no óleo recolhido da superfície do mar e dos sedimentos no norte do Golfo do México após o derrame de petróleo da Deepwater Horizon. Microbiologyopen 2:492-504.

Liu C, Wu Y, Li L, Yingfei M, Shao Z, (2007) *Thalassospiraxiamenensis* sp. nov. e Thalassospira profundimaris sp. nov. IntJ Syst Evol Microbiol 57:316-320.

Lopez-Lopez A, Pujalte MJ, Benlloch S, Mata-Roig M, Rossello-Mora R, Garay E, Rodriguez-Valera F, (2002) New marine member of the *a - Proteobacteria*. Int J Syst Evol Microbiol 52:1277-1283.

Lu L, Lai Q, Shao Z, Qian P, (2015) Sequência do genoma de *Thalassospira* sp. MCCC 1A02491. Não publicado

Mamoto R, Hu X, Chiue H, Fujioka Y, Kawai F, (2008) Clonagem e expressão do citocromo C solúvel e o seu papel na degradação do álcool polivinílico pela estirpe 113P3 de *Sphingopyxis* sp. que utiliza álcool polivinílico. J Biosci Bioeng 105:147-151.

Meier-KolthoffJP, Auch AF, Klenk H-P, Goker M, (2013) Delimitação de espécies baseada na sequência do genoma com intervalos de confiança e funções de distância melhoradas. BMC Bioinformatics 14:60.

Nogi Y, Yoshizumi M, Miyazaki M, (2014) *Thalassospira povalilytica* sp. nov., uma Bactéria marinha degradadora de álcool polivinílico. IntJ Syst Evol Microbiol 64:1149-1153.

Parks DH, Imelfort M, Skennerton CT, Hugenholtz P, Tyson GW, (2015) CheckM: avaliar a qualidade dos genomas microbianos recuperados de isolados, células individuais e metagenomas. Genome Res 25:1043-55.

Parks DH, Rinke C, Chuvochina M, Chaumeil PA, Woodcroft BJ, Evans PN, Hugenholtz P, Tyson GW, (2017) A recuperação de quase 8.000 genomas montados em metagenoma expande substancialmente a árvore da vida. Nat Microbiol 2:1533-1542.

Plotnikova EG, Anan'ina LN, Krausova VI, Ariskina EV, Prisyazhnaya NV, Lebedev AT, Demakov VA, Evtushenko LI, (2011) *Thalassospira permensis* sp. nov., uma nova bactéria terrestre halotolerante isolada de um consórcio microbiano que utiliza naftaleno. IntJ Syst Evol Microbiol 80:691-699

Shimao M, (2001) Biodegradação de plásticos. Curr Opin Biotechnol 12:242-7.

Shivaji S, Sathyanarayana Reddy G, Sundareswaran VR, Thomas C, (2015) Descrição de *Thalassospira lohafexi* sp. nov., isolada do Oceano Austral, Antárctica. Arch Microbiol 197:627-637.

Sullivan MJ, Petty NK, Beatson S, (2011) Easyfig: Agenome Comparison Visualiser. Bioinformatics 27:1009-1010.

Suzuki T, Ichihara Y, Yamada M, Tonomura K, (1973) Algumas Caraterísticas de *Pseudomonas* 0-3 que Utiliza Álcool Polivinílico. Agric Biol Chem 37:747-756.

Top EM, Springael D, (2003) The role of mobile genetic elements in bacterial adaptation to xenobiotic organic compounds (O papel dos elementos genéticos móveis na adaptação bacteriana a compostos orgânicos xenobióticos). Curr Opin Biotechnol 14:262-269.

Tsubouchi T, Ohta Y, Haga T, Usui K, Shimane Y, Mori K, Tanizaki A, Adachi A, Kobayashi K, Yukawa K, Takagi E, Tame A, Uematsu K, Maruyama T, Hatada Y, (2014) *Thalassospira alkalitolerans* sp. nov. e *Thalassospira mesophila* sp. nov, isoladas de um bambu em decomposição submerso no ambiente marinho, e descrição revista do género *Thalassospira*. IntJ Syst Evol Microbiol 64:107-115.

Tully BJ, Graham ED, Heidelberg J, (2017) A reconstrução de 2.631 projectos de genomas de metagenomas dos oceanos globais. Dados científicos 5:170203

WangY, Coleman-Derr D, Chen G, Gu YQ, (2015) OrthoVenn: um servidor web para comparação e anotação a nível do genoma de grupos ortólogos em várias espécies. Nucleic Acids Res 43:W78-W84.

Zhao B, Wang H, Li R, Mao X, (2010) *Thalassospiraxianhensis* sp. nov., uma bactéria marinha degradadora de hidrocarbonetos aromáticos policíclicos. IntJ Syst Evol Microbiol 60:1125-1129.

Capítulo 4

O potencial do microbioma da coluna de água central do Mar Vermelho para degradar hidrocarbonetos

4.1 Introdução

Em comparação com outros oceanos, o Mar Vermelho é um ambiente único com as condições de salinidade e temperatura mais extremas de qualquer oceano (Ngugi *et al.* 2012). Tem também um baixo teor de nutrientes. A circulação da água no Mar Vermelho é determinada pelas suas caraterísticas hidrológicas, físicas e climáticas únicas (Miller *et al.*, 1966; Thisse *et al.*, 1983; Chase *et al.*, 2006). Estima-se que existe uma grande diferença no tempo de renovação da água entre a superfície (7-10 anos) (Yao *et al.*, 2014a; Yao *et al.*, 2014b) e a profundidade (as estimativas actuais são de cerca de 70 anos, Jean-Baptiste *et al.* 2004).

Nos últimos anos, o Mar Vermelho tem sido analisado quanto à presença de hidrocarbonetos provenientes de fontes antropogénicas e naturais, tendo sido demonstrado que os depósitos de gás natural e de petróleo estão disseminados (Henni, 2017). Além disso, foram estabelecidos vários locais de perfuração de petróleo nas zonas costeiras e ao largo do Mar Vermelho (Mustafa *et al.* 2016). Há relatos iniciais de poços de petróleo na costa do Golfo de Suez (Gebel el Zeit, Gebel Tanka e Abu Durba), no norte do Sudão (Massawa e nas ilhas Dahlak), no Iémen (Zeidiye) e na Arábia Saudita (ilhas Farasan e em Midyan) (Hume 1920; Beydoun 1989; Bunter e Magid 1989). Até ao final da década de 1980, foram efectuadas perfurações ao largo da costa do Egito, do Sudão e da Etiópia (incluindo perfurações pouco profundas nas ilhas Dahlak

Ilhas), Iémen e Arábia Saudita (incluindo poços pouco profundos nas Ilhas Farasan) (Beydoun 1989; Beydoun e Sikander 1992). A presença contínua de hidrocarbonetos na coluna de água do Mar Vermelho, combinada com a sua hidrologia única e o seu baixo tempo de renovação, sugere, portanto, um processo de seleção contínuo de micróbios degradadores de hidrocarbonetos nas condições extremas das águas do Mar Vermelho.

A degradação microbiana de hidrocarbonetos na água do mar tem sido amplamente estudada nos últimos anos, particularmente após derrames de petróleo (*por exemplo*, Deep Water Horizon; Camilli *et al.* 2010; Valentine *et al.* 2010; Hazen *et al.* 2010) em locais expostos a derrames crónicos ou ocasionais de hidrocarbonetos. Pouco se sabe sobre o potencial de degradação microbiana de hidrocarbonetos numa bacia de águas extremas pristinas como o Mar Vermelho, que está a ser cada vez mais utilizada para o desenvolvimento de campos petrolíferos (Henni, 2017).

Aqui, investiguei o enriquecimento de espécies bacterianas em amostras de água intocada do Mar Vermelho expostas a hidrocarbonetos lineares e aromáticos. Além disso, utilizei a metagenómica para investigar os genes e as vias de degradação de hidrocarbonetos potencialmente presentes em diferentes locais e profundidades na bacia e comparei-os com dois outros conjuntos de dados de metagenoma disponíveis no Mar Vermelho (Sunagawa *etal.* 2015; Haroon *etal.* 2016).

4.2 Materiais e métodos

4.2.1 Amostragem

A amostragem foi realizada em 2015 no fundo e na superfície de várias estações no Mar Vermelho (Figura 4.1) durante dois cruzeiros InDeep no R/V Thuwal. Trinta litros de água foram filtrados através de filtros de polietersulfona Sterivex de 0,22 pm (Millipore) usando bombas peristálticas Masterflex I/P (Cole Palmer), e o DNA total foi extraído usando um protocolo de extração de fenol-clorofórmio como descrito em outro lugar (Fodelianakis *et al.* 2014). Ao mesmo tempo, 50 ml de água não filtrada foram armazenados a 4 °C para outras culturas de enriquecimento.

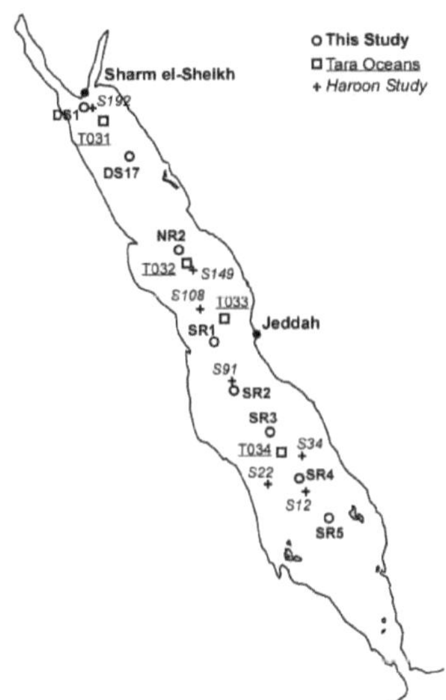

Figura 4.1: Mapa do Mar Vermelho mostrando os vários locais de amostragem.

4.1.1 Culturas para o enriquecimento de hidrocarbonetos

As culturas líquidas em microcosmos foram estabelecidas utilizando 5 ml de água do mar como inóculo e 45 ml de água do mar filtrada (FSW) com um volume total de 50 ml. Foram adicionados 500 pl de óleo leve da Arábia como única fonte de carbono (1% v/v). [24] A ureia (0,42 mM) e o KH PO (8,4 mM) foram utilizados como fontes de azoto e fósforo. Após 20 dias de incubação a 26 °C, o meio foi centrifugado para recuperar as células. O ADN total foi extraído utilizando um método de fenol-clorofórmio (Fodelianakis *et al.* 2014).

4.1.2 Bibliotecas metagenómicas e sequenciação

As bibliotecas de ADN do gene 16S rRNA foram preparadas a partir das culturas de enriquecimento utilizando o Illumina® Nextera XT Sample Prep Kit, de acordo com o protocolo de preparação de bibliotecas de sequenciação do metagenoma do gene 16S rRNA da Illumina® para sequenciação das regiões variáveis V3 e V4 dos genes 16S rRNA bacterianos. Os pares de primers Bac341F (CCTACGGGNGGCWGCAG) e Bac785R (GGATTAGGATACCCVHGTAGTC) foram utilizados para a preparação da biblioteca (Klindworth *et al.* 2013). A filtragem de ruído e o agrupamento de sequências em variantes de sequência (SV) foram efectuados utilizando o software DADA2 (Callahan *et al.* 2015). A atribuição taxonómica para cada SV foi realizada utilizando a base de dados Greengenes (v13_8; DeSantis *et al.* 2006)

As bibliotecas metagenómicas foram preparadas utilizando o NEBNext Ultra DNA Library Prep Kit for Illumina Paired-End Libraries (2x150 bp) (New England Biolabs), de acordo com as instruções do fabricante. O ADN metagenómico (500 - 1 000 ng por amostra) foi previamente cortado até ~200 pb utilizando um sistema Covaris. A seleção do tamanho foi efectuada após a

41

ligação dos adaptadores Illumina com esferas AMPure XP (Beckman Coultier).

As bibliotecas metagenómicas foram sequenciadas utilizando uma plataforma Illumina Hiseq 4000 disponível no KAUST Bioscience Core Lab (Quadro 4.1).

4.1.3 Análise bioinformática

Os metagenomas completos das amostras do Mar Vermelho recolhidas no âmbito do projeto Tara Oceans (Sunagawa *et al.* 2015) e os metagenomas descritos por Haroon *et al.* (2016) foram descarregados do sítio Web da SRA (Quadro 4.1). A estação 169 deste último foi removida devido à sua localização costeira. As leituras foram verificadas quanto à qualidade e aparadas usando Trimmomatic (Bolger *et al.* 2014).

A composição taxonómica de todos os metagenomas foi avaliada utilizando o software Metaxa2 (2.2) (Bengtsson-Palme *et al.* 2015). Este software extrai sequências parciais do gene rRNA de metagenomas completos e atribui-lhes a sua origem às espécies. Os dados foram então normalizados para obter contagens para os diferentes taxa por milhão de leituras.

A composição funcional foi avaliada utilizando o software FMAP (Kim *et al.* 2016). Resumidamente, as leituras são alinhadas com um cluster de referência UniProt filtrado por KEGG usando o software DIAMOND (Buchfink *et al.* 2014). O software quantifica então a abundância de genes por RPKM (leituras por quilobase por milhão, que normaliza a abundância de genes por comprimentos de genes), assumindo que o comprimento do gene é o comprimento mínimo do gene para o melhor acerto.

ID	Station	Depth	Depth Type	Salinity	Temperature	Latitude	Longitude	Location Type	Study	Reference	SRA Id
DS1_D10	DS1	10	Surface	42.31	29.18	27.51	34.54	North	This Study		
DS1_D965	DS1	965	Deep	43.02	21.41	27.51	34.54	North	This Study		
DS17_D10	DS17	10	Surface	40.23	24.12	26.23	35.57	North	This Study		
NR2_D10	NR2	10	Surface	39.39	24.66	23.77	35.95	Center	This Study		
NR2_D990	NR2	990	Deep	40.75	21.41	23.77	35.95	Center	This Study		
S108_D10	S108	10	Surface	39.37	30.53	22.20	37.55	Center	Haroon Study	Haroon et al. 2016	SRR2103008
S108_D25	S108	25	Surface	39.37	30.51	22.20	37.55	Center	Haroon Study	Haroon et al. 2016	SRR2103009
S108_D50	S108	50	Surface	39.37	30.44	22.20	37.55	Center	Haroon Study	Haroon et al. 2016	SRR2103010
S108_D100	S108	100	Intermediate	40.12	24.21	22.20	37.55	Center	Haroon Study	Haroon et al. 2016	SRR2103011
S108_D200	S108	200	Intermediate	40.42	22.12	22.20	37.55	Center	Haroon Study	Haroon et al. 2016	SRR2103012
S108_D500	S108	500	Deep	40.53	21.58	22.20	37.55	Center	Haroon Study	Haroon et al. 2016	SRR2103013
S12_D10	S12	10	Surface	38.87	31.20	17.39	40.54	South	Haroon Study	Haroon et al. 2016	SRR2102994
S12_D25	S12	25	Surface	38.87	31.14	17.39	40.54	South	Haroon Study	Haroon et al. 2016	SRR2102995
S12_D47	S12	47	Surface	37.39	23.04	17.39	40.54	South	Haroon Study	Haroon et al. 2016	SRR2103006
S149_D10	S149	10	Surface	40.02	29.80	23.36	37.30	Center	Haroon Study	Haroon et al. 2016	SRR2103014
S149_D25	S149	25	Surface	40.02	29.80	23.36	37.30	Center	Haroon Study	Haroon et al. 2016	SRR2103015
S149_D50	S149	50	Surface	39.86	27.54	23.36	37.30	Center	Haroon Study	Haroon et al. 2016	SRR2103016
S149_D100	S149	100	Intermediate	40.08	24.55	23.36	37.30	Center	Haroon Study	Haroon et al. 2016	SRR2103018
S149_D200	S149	200	Intermediate	40.33	22.94	23.36	37.30	Center	Haroon Study	Haroon et al. 2016	SRR2103019
S149_D500	S149	500	Deep	40.53	21.58	23.36	37.30	Center	Haroon Study	Haroon et al. 2016	SRR2103020
S192_D10	S192	10	Surface	40.51	27.89	27.53	34.30	North	Haroon Study	Haroon et al. 2016	SRR2103027
S192_D25	S192	25	Surface	40.52	27.85	27.53	34.30	North	Haroon Study	Haroon et al. 2016	SRR2103029
S192_D50	S192	50	Surface	40.44	26.23	27.53	34.30	North	Haroon Study	Haroon et al. 2016	SRR2103030
S192_D100	S192	100	Intermediate	40.40	23.68	27.53	34.30	North	Haroon Study	Haroon et al. 2016	SRR2103031
S192_D200	S192	200	Intermediate	40.44	22.41	27.53	34.30	North	Haroon Study	Haroon et al. 2016	SRR2103032
S192_D500	S192	500	Deep	40.53	21.61	27.53	34.30	North	Haroon Study	Haroon et al. 2016	SRR2103033
S22_D10	S22	10	Surface	39.06	30.45	17.59	39.47	South	Haroon Study	Haroon et al. 2016	SRR2103017
S22_D25	S22	25	Surface	39.07	29.91	17.59	39.47	South	Haroon Study	Haroon et al. 2016	SRR2103028
S22_D50	S22	50	Surface	39.07	29.68	17.59	39.47	South	Haroon Study	Haroon et al. 2016	SRR2103034
S22_D100	S22	100	Intermediate	40.05	24.37	17.59	39.47	South	Haroon Study	Haroon et al. 2016	SRR2103035
S22_D200	S22	200	Intermediate	40.45	21.93	17.59	39.47	South	Haroon Study	Haroon et al. 2016	SRR2103036
S22_D500	S22	500	Deep	40.53	21.57	17.59	39.47	South	Haroon Study	Haroon et al. 2016	SRR2103037
S34_D10	S34	10	Surface	38.92	31.02	18.34	40.44	South	Haroon Study	Haroon et al. 2016	SRR2103038
S34_D50	S34	50	Surface	37.01	21.57	18.34	40.44	South	Haroon Study	Haroon et al. 2016	SRR2102997
S34_D100	S34	100	Intermediate	38.44	22.38	18.34	40.44	South	Haroon Study	Haroon et al. 2016	SRR2102998
S34_D200	S34	200	Intermediate	40.40	22.20	18.34	40.44	South	Haroon Study	Haroon et al. 2016	SRR2102999

ID	Station	Depth	Depth Type	Salinity	Temperature	Latitude	Longitude	Location Type	Study	Reference	SRA Id
S34_D258	S34	258	Intermediate	40.48	21.81	18.34	40.44	South	Haroon Study	Haroon et al. 2016	SRR2103000
S91_D10	S91	10	Surface	39.29	30.36	20.31	38.46	Center	Haroon Study	Haroon et al. 2016	SRR2103001
S91_D25	S91	25	Surface	39.29	30.37	20.31	38.46	Center	Haroon Study	Haroon et al. 2016	SRR2103002
S91_D50	S91	50	Surface	39.43	28.50	20.31	38.46	Center	Haroon Study	Haroon et al. 2016	SRR2103003
S91_D100	S91	100	Intermediate	40.10	24.12	20.31	38.46	Center	Haroon Study	Haroon et al. 2016	SRR2103004
S91_D200	S91	200	Intermediate	40.45	21.94	20.31	38.46	Center	Haroon Study	Haroon et al. 2016	SRR2103005
S91_D500	S91	500	Deep	40.53	21.58	20.31	38.46	Center	Haroon Study	Haroon et al. 2016	SRR2103007
SR1_D10	SR1	10	Surface	38.48	27.08	21.34	37.95	Center	This Study		
SR1_D1500	SR1	1500	Deep	41.70	21.93	21.34	37.95	Center	This Study		
SR2_D10	SR2	10	Surface	38.82	31.52	20.06	38.51	Center	This Study		
SR2_D2400	SR2	2400	Deep	40.56	21.91	20.06	38.51	Center	This Study		
SR3_D10	SR3	10	Surface	37.86	28.86	18.97	39.54	South	This Study		
SR3_D1000	SR3	1000	Deep	40.60	21.70	18.97	39.54	South	This Study		
SR4_D10	SR4	10	Surface	37.67	28.72	17.74	40.36	South	This Study		
SR5_D10	SR5	10	Surface	37.57	35.53	16.70	41.20	South	This Study		
SR5_D1200	SR5	1200	Deep	40.55	21.60	16.70	41.20	South	This Study		
TO31_D10	TO31	10	Surface	39.98	25.06	27.16	34.84	North	Tara Oceans	Sunagawa et al. 2015	ERR598969
TO32_D80	TO32	80	Intermediate	40.20	26.05	23.42	37.25	Center	Tara Oceans	Sunagawa et al. 2015	ERR599061
TO32_D10	TO32	10	Surface	39.75	25.82	23.36	37.25	Center	Tara Oceans	Sunagawa et al. 2015	ERR599041
TO33_SRF	TO33	10	Surface	38.94	27.33	21.95	38.25	Center	Tara Oceans	Sunagawa et al. 2015	ERR599049
TO34_D60	TO34	60	Intermediate	38.92	27.59	18.44	39.88	South	Tara Oceans	Sunagawa et al. 2015	ERR598975
TO34_D10	TO34	10	Surface	38.65	27.60	18.40	39.88	South	Tara Oceans	Sunagawa et al. 2015	ERR598959

Quadro 4.1: Descrição das amostras utilizadas neste estudo.

As diferenças significativas entre taxa ou funções foram calculadas utilizando ANOVA com teste post-hoc de Tukey-Kramer a 95% de intervalo de confiança com correção FDR de Benjamini-Hochberg utilizando o software STAMP (Parks *et al.* 2014). Para estimar o efeito que os taxa ou a função tiveram sobre as diferenças entre as amostras, o tamanho do efeito é medido usando Eta ao quadrado. Seguindo as diretrizes de Cohen (1988), assumi que o limite inferior para o Eta-quadrado é 0,138, que é definido como o limite para um grande efeito (Cohen 1988).

4.3 Resultados e discussão

4.3.1 Descrição geral dos pontos de amostragem

Em cada uma das oito estações amostradas num transecto sul-norte no Mar Vermelho, recolhi amostras à superfície e no fundo do Mar Vermelho. Devido à batimetria do Mar Vermelho, as amostras de fundo variaram entre 1000 m e 2900 m, mas só consegui obter leituras suficientes para as análises metagenómicas das amostras a 1200 m de profundidade. Os quarenta e cinco metagenomas adicionais do Mar Vermelho obtidos a partir de bases de dados públicas (Sunagawa *et al.* 2015; Haroon *et al.* 2016) foram processados de forma semelhante aos que obtive, tanto em termos de manuseamento das amostras como de preparação do ADN. A única grande diferença entre as nossas amostras e as dos conjuntos de dados disponíveis é a plataforma de sequenciação. Utilizei uma HiSeq 4000 com bibliotecas single-end (2x150 bp), enquanto os outros dois conjuntos de dados foram obtidos por sequenciação com uma HiSeq 2000 com bibliotecas paired-end (2x100 bp). No entanto, devido ao número relativamente elevado de réplicas por condição derivadas dos diferentes metagenomas, considero que estas diferenças não têm impacto nas comparações e nas nossas interpretações.

As 55 amostras incluídas na análise representam uma vasta gama de distribuição geográfica e de profundidade (figura 4.1 e quadro 4.1). A distribuição geográfica das amostras abrange o Mar Vermelho, desde o Golfo de Aqaba até aos bancos de Farasan. A profundidade das amostras variou entre 10 m e 1200 m. Para facilitar a análise, considerei as amostras a uma profundidade de 10 a 50 m como amostras de superfície, as amostras a uma profundidade de 60 a 258 m como amostras de profundidade média e as restantes amostras recolhidas a uma profundidade superior a 500 m como amostras de profundidade.

4.3.2 Acumulação de bactérias degradadoras de hidrocarbonetos

Os potenciais degradadores de hidrocarbonetos no Mar Vermelho foram avaliados através do enriquecimento da água do mar de amostras de superfície e de fundo (NR1, SR1, SR2 e SR3; Quadro 4.1) com óleo leve da Arábia durante 20 dias a 26°C. As amostras foram depois analisadas utilizando métodos de elevado rendimento do gene 16S rRNA. As amostras foram depois analisadas utilizando métodos de elevado rendimento do gene 16S rRNA. A análise filogenética revelou que as estirpes dos géneros *Marinobacter*, *Alcanivorax*, *Chromohalobacter* e *Erythrobacter* eram as mais abundantes nas culturas (Figura 4.2).

Os membros destes géneros foram previamente associados à degradação de compostos de hidrocarbonetos, incluindo petróleo bruto e PAHs (Gutierrez *et al.* 2013; Zhuang *et al.* 2015), e o rápido crescimento nos microcosmos sugere que estes taxa são os degradadores primários que respondem aos hidrocarbonetos de petróleo na coluna de água. Todos os géneros cuja abundância era superior a 1% em todas as amostras das culturas enriquecidas estavam quase ausentes (<5%) da composição microbiana das amostras de água pristina e representavam geralmente menos de 10% da comunidade total, como observado noutros locais (Margesin *et al.* 2003) (amostras totais de metagenoma, Figura 4.3). Os géneros *Marinobacter* e *Erythrobacter* eram mais abundantes nas amostras profundas, enquanto *Alcanivorax* era muito mais abundante nas amostras superficiais. Devido às diferenças entre as amostras, o único género cuja abundância diferiu significativamente entre as amostras superficiais e profundas foi o género *Alcanivorax*, que foi detectado em ~55% das amostras superficiais e apenas em ~1,5% das amostras profundas (teste t, p-value < 3,5%). Foi previamente descrito que este género é incapaz de crescer em hidrocarbonetos sob pressão hidrostática superior a 5 MPa (Scoma *et al.* 2016b; Scoma *et al.* 2016c; Barbato *et al.* 2016), e nunca foi detectado *in situ* na pluma profunda de hidrocarbonetos após o acidente da Deepwater Horizon (Gutierrez *et al.* 2013). Os nossos dados de crescimento nos microcosmos sugerem que a falta de abundância de *Alcanivorax* no mar profundo também pode ocorrer nas profundezas do Mar Vermelho devido ao efeito da pressão hidrostática, denominado "paradoxo de Alcanivorax" (Mapelli *et al.* 2017).

4.3.3 Composição taxonómica

A análise das sequências do gene rRNA *de bactérias* e *archaea* nos 55 conjuntos de dados metagenómicos completos do Mar Vermelho revelou que cerca de 2% das sequências não podiam ser classificadas. Em média, 91,9 % das sequências eram de origem bacteriana, enquanto 8,8 % foram atribuídas a *arqueias*. [12]A proporção de *archaea* foi mais elevada nas amostras profundas e intermédias (16 - 20%) do que nas amostras de superfície (2,4%) (ANOVA, *p-value* "IO"). *As alfa-proteobactérias* foram a classe dominante em todos os metagenomas (Figura 4.3). Este facto era de esperar, uma vez que o grupo SAR11, que pertence à classe *das alfa-proteobactérias*, é de longe o micróbio mais abundante no oceano (Morris *et al.* 2002). Outros microrganismos abundantes nas nossas amostras foram as *Gammaproteobactérias* e *as Archaea* do filo *Thaumarchaeota* na camada profunda e intermédia, representando estas últimas menos de 1 % da comunidade microbiana de superfície. A predominância deste filo nas amostras profundas não é surpreendente, uma vez que estas arqueas oxidadoras de amoníaco dominam tipicamente a região dos mares profundos do oceano global (Stahl e de la Torre 2012). À superfície, *as cianobactérias* estavam sobre-representadas nas bibliotecas (Ting *et al.* 2002). Todos os taxa acima descritos diferiram significativamente entre os três níveis de profundidade (ANOVA, Tabela 4.2). Outros taxa estatisticamente diferentes entre as camadas foram as *Flavobacteria, Deltaproteobacteria, Bacilli* e *Clostridia*.

4.3.4 Comparação da metagenómica funcional entre amostras

A percentagem média de leituras que puderam ser anotadas foi de 35%, 28% e 26% para as camadas superficial, intermédia e profunda, respetivamente. A frequência relativa dos melhores resultados atribuídos a cada classe principal de vias metabólicas no KEGG é apresentada no Quadro 4.3. As classes dominantes foram o "metabolismo dos aminoácidos", o "metabolismo dos hidratos de carbono" e o "metabolismo energético". Curiosamente, a maioria das classes funcionais diferiu significativamente entre as amostras, tal como revelado pela análise PCA (Figura 4.4). Esta grande variabilidade é provavelmente explicada pelas grandes diferenças na taxonomia das diferentes camadas de profundidade.

Quanto às vias metabólicas envolvidas na degradação dos hidrocarbonetos aromáticos (biodegradação de xenobióticos e metabolismo), a sua proporção foi muito baixa e sobre-representada nas camadas profundas (1,88 %, p-value < 0,05) em comparação com as camadas intermédias (1,57 %) e superficiais (1,13 %). Este facto contrasta com estudos anteriores realizados na região, que revelaram uma proporção elevada de poluentes nas águas superficiais, nomeadamente no golfo de Aqaba e no golfo de Suez (Hume *et al.* 1920; Beydoun 1989; Bunter e Magid 1989). A minha hipótese é que estes números mais elevados de genes de degradação de hidrocarbonetos no mar profundo podem representar uma assinatura da libertação de hidrocarbonetos do fundo do Mar Vermelho e que podem ser assinaturas de microrganismos associados a fontes de hidrocarbonetos no mar profundo (Scoma *et al.* 2017).

Para investigar em pormenor as vias envolvidas na degradação de hidrocarbonetos, efectuei a mesma análise estatística, considerando apenas as vias envolvidas na degradação de compostos orgânicos (Biodegradação de xenobióticos e metabolismo, Tabela 4.4). A maioria destas vias de degradação diferiu significativamente entre as amostras e esteve sobre-representada nas amostras profundas (por exemplo, degradação do benzoato, degradação da atrazina, degradação do estireno e degradação do naftaleno). No entanto, as vias metabólicas envolvidas na degradação de hidrocarbonetos aromáticos policíclicos foram as menos

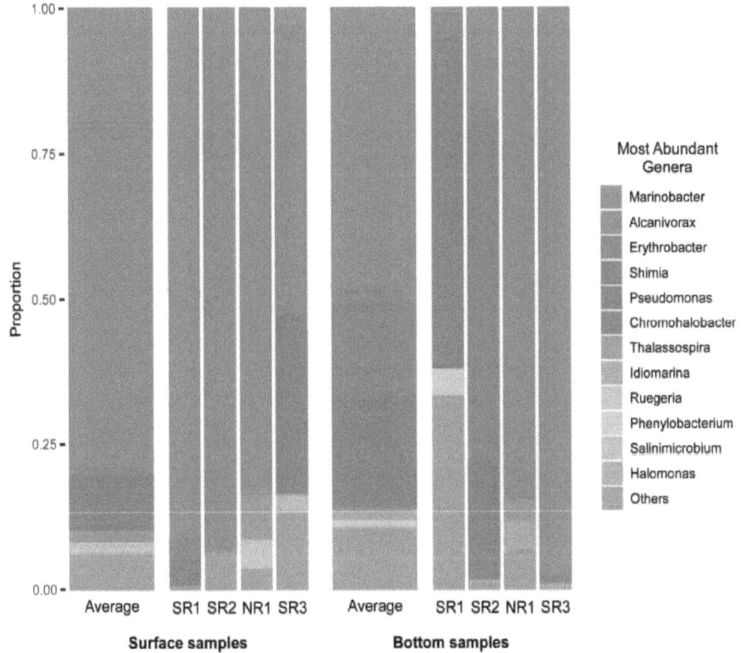

frequentes (0,0057-0,0067 %) e não diferiram significativamente entre as amostras.

Figure 4.2: Comunidades de procariotas enriquecidas em amostras da camada de água superficial e profunda

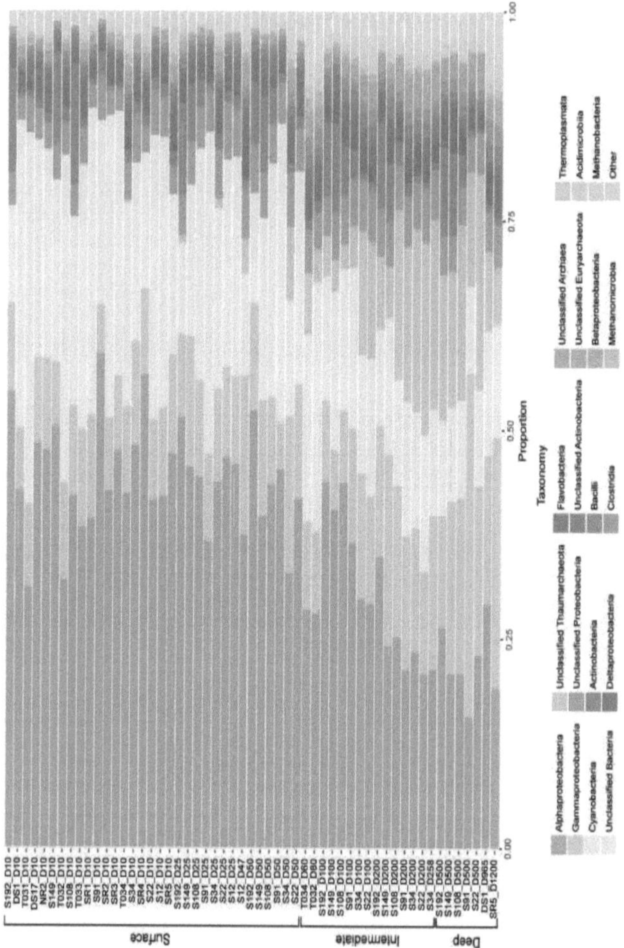

Figure 4.3: Comunidades procarióticas das diferentes amostras metagenómicas, ordenadas por profundidade

Taxa	p-values	Effect size	Surface		Intermidiate		Deep	
			Rel. Freq. (%)	Std (%)	Rel. Freq. (%)	Std (%)	Rel. Freq. (%)	Std (%)
Actinobacteria	8.23E-01	0.007	3.31	3.86	4.10	3.64	3.55	4.05
Alphaprotecbacteria	3.32E-12	0.6382	44.20	6.44	30.64	7.60	22.05	3.89
Bacilli	1.86E-08	0.4957	0.85	0.24	1.49	0.30	1.44	0.48
Clostridia	6.73E-12	0.6282	0.73	0.20	1.50	0.38	1.70	0.54
Cyanobacteria	4.39E-08	0.4788	17.93	9.70	3.89	4.56	0.59	0.41
Deltaproteobacteria	1.48E-13	0.6790	1.04	0.46	2.85	0.54	3.28	1.30
Flavobacteria	1.98E-08	0.4945	2.09	0.87	0.90	0.49	0.32	0.17
Gammaproteobacteria	8.62E-08	0.4651	11.08	2.85	13.40	4.01	22.84	8.15
Thermoplasmata	3.11E-02	0.1249	0.40	0.33	0.73	0.39	0.55	0.46
Unclassified Archaea	3.51E-11	0.6038	0.06	0.12	1.31	0.98	2.06	0.99
Unclassified Bacteria	1.98E-11	0.6124	7.83	2.06	13.21	1.69	11.54	1.53
Unclassified Proteobacteria	7.83E-03	0.1701	4.56	1.12	5.55	0.53	4.78	0.56
Unclassified Thaumarchaeota	2.31E-13	0.6734	0.50	1.65	11.10	7.13	16.67	6.08
Unclassified_Actinobacteria	2.26E-01	0.056	1.13	0.46	1.35	0.33	1.08	0.41

Tabela 4.2: Principais diferenças taxonómicas entre estratos de água. A ANOVA STAMP testou as diferenças entre vários grupos (estratos superficiais, intermédios e profundos) com um teste pcst-hoc (Tukey-Kramer a 0,95), tamanho co efeito (Eta-quadrado), valor p (<0,05) e correção de testes múltiplos Benjamini-Hochtberg FDR. Apenas são apresentados os taxa com uma frequência superior a 1 %. Os táxons que diferem significativamente entre os estratos são mostrados em negrito (p-valor < 5%). Rei. Freq - Frequência relativa. Std - Desvio padrão.

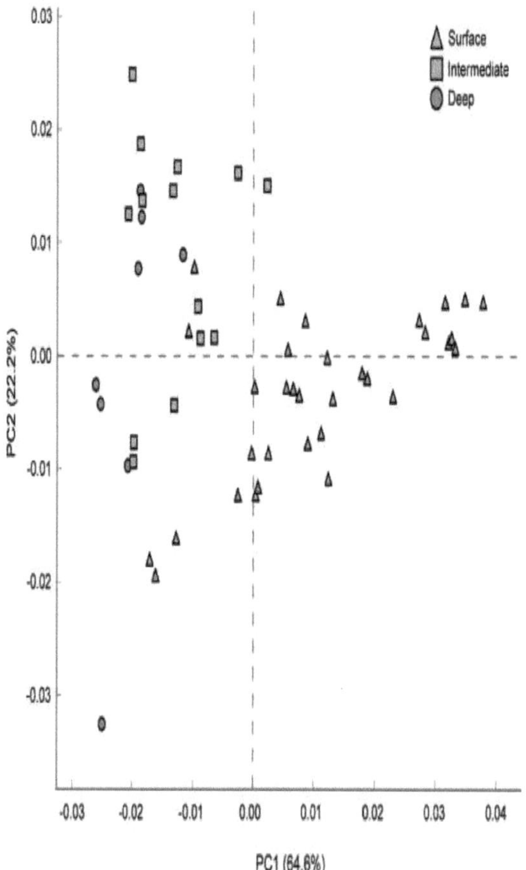

Figure 4.4: O PCA foi efectuado no STAMP utilizando as classes metabólicas mais importantes contidas no KEGG. Os triângulos verdes, os quadrados cor de laranja e os círculos azuis representam as camadas superficial, média e profunda, respetivamente.

Pathway class	p-values	Effect size	Surface		Intermidiate		Deep	
			Rel. Freq. (%)	Std (%)	Rel. Freq. (%)	Std (%)	Rel. Freq. (%)	Std (%)
Aminoacid metabolism	2.98×10^{-9}	0.545	11.16	0.63	12.56	0.56	12.42	0.55
Biosynthesis of other secondary metabolites	2.02×10^{-8}	0.509	1.38	0.04	1.49	0.05	1.47	0.08
Carbohydrate metabolism	1.68×10^{-7}	0.464	9.46	0.65	10.54	0.23	10.35	0.38
Cell growth and death	5.90×10^{-15}	0.740	1.02	0.04	0.88	0.08	0.79	0.06
Cell motility	2.19×10^{-7}	0.457	0.66	0.18	0.71	0.12	1.34	0.55
Cellular community - prokaryotes	8.46×10^{-3}	0.174	1.98	0.20	2.07	0.09	2.22	0.20
Cellular processes and signaling	4.48×10^{-8}	0.492	0.71	0.05	0.55	0.07	0.68	0.12
Energy metabolism	4.63×10^{-5}	0.331	9.00	0.84	8.21	0.56	7.64	0.52
Environmental adaptation	1.72×10^{-4}	0.293	0.06	0.00	0.05	0.01	0.07	0.02
Enzyme families	1.82×10^{-9}	0.555	1.82	0.11	1.61	0.05	1.61	0.05
Excretory system	6.75×10^{-12}	0.650	0.01	0.00	0.02	0.01	0.03	0.01
Folding, sorting and degradation	2.16×10^{-1}	0.060	3.04	0.10	3.08	0.08	3.01	0.11
Genetic information processing	3.69×10^{-10}	0.584	0.98	0.08	1.10	0.11	1.29	0.10
Glycan biosynthesis and metabolism	2.34×10^{-11}	0.631	1.84	0.25	1.25	0.12	1.28	0.19
Lipid metabolism	5.04×10^{-1}	0.026	2.97	0.19	2.91	0.19	2.89	0.28
Membrane transport	1.22×10^{-1}	0.082	8.77	0.64	8.31	0.63	8.60	0.79
Metabolism	5.74×10^{-14}	0.714	1.30	0.06	1.45	0.10	1.63	0.07
Metabolism of cofactors and vitamins	9.93×10^{-5}	0.309	5.41	0.66	4.75	0.12	4.62	0.25
Metabolism of other amino acids	4.67×10^{-11}	0.619	1.75	0.05	1.61	0.06	1.58	0.09
Metabolism of terpenoids and polyketides	2.68×10^{-3}	0.211	1.43	0.08	1.50	0.07	1.54	0.11
Nucleotide metabolism	3.21×10^{-4}	0.275	4.28	0.13	4.26	0.10	4.03	0.22
Replication and repair	2.10×10^{-13}	0.696	7.75	0.51	6.53	0.40	6.14	0.15
Signal transduction	2.56×10^{-5}	0.347	2.15	0.15	2.08	0.14	2.50	0.31
Signaling molecules and interaction	1.64×10^{-3}	0.227	0.01	0.01	0.02	0.01	0.03	0.01
Transcription	3.80×10^{-17}	0.795	1.83	0.13	2.31	0.21	2.60	0.10
Translation	4.15×10^{-2}	0.120	15.62	0.68	15.74	0.69	14.92	0.92
Transport and catabolism	6.41×10^{-15}	0.744	2.41	0.09	2.75	0.11	2.82	0.13
Viral protein family	1.34×10^{-10}	0.602	0.06	0.01	0.04	0.01	0.04	0.01
Xenobiotics biodegradation and metabolism	3.90×10^{-10}	0.582	1.13	0.23	1.57	0.21	1.88	0.32

Tabela 4.3: Principais diferenças funcionais entre camadas de água. A ANOVA STAMP testou as diferenças entre vários grupos (camadas superficiais, intermédias e profundas) utilizando os mesmos parâmetros que no Quadro 4.2. As vias metabólicas envolvidas na biodegradação de xenobióticos e no metabolismo são também apresentadas no Quadro 4.4. As vias metabólicas que diferem significativamente entre as camadas de água são apresentadas a negrito (p-value < 5%). Rei. Freq - Frequência relativa. Std - Desvio padrão.

			Surface		Intermidiate		Deep	
Pathway class	p-values	Effect size	Rel. Freq. (%)	Std (%)	Rel. Freq. (%)	Std (%)	Rel. Freq. (%)	Std (%)
Polycyclic aromatic hydrocarbon degradation	7.18×10^{-1}	0.0138	0.0067	0.0038	0.0069	0.0022	0.0057	0.0031
Steroid degradation	8.52×10^{-2}	0.0999	0.0064	0.0100	0.0127	0.0107	0.0166	0.0190
Styrene degradation	1.25×10^{-4}	0.3098	0.0438	0.0124	0.0510	0.0129	0.0709	0.0199
Toluene degradation	3.28×10^{-2}	0.1340	0.0134	0.0060	0.0128	0.0054	0.0224	0.0165
Xylene degradation	3.87×10^{-13}	0.6927	0.0129	0.0120	0.0399	0.0122	0.0716	0.0228

Tabela 4.4: Diferenças funcionais entre camadas de água em termos de biodegradação e metabolismo de xenobióticos. A ANOVA STAMP testou as diferenças entre vários grupos (camadas superficiais, intermédias e profundas) utilizando os mesmos parâmetros que no Quadro 4.2. As classes metabólicas que diferiram significativamente entre camadas de água são apresentadas a negrito (valor p < 5 %).

4.4 Conclusão

O Mar Vermelho é uma bacia única, caracterizada pela presença generalizada de poços de gás natural e de petróleo. Esta peculiaridade é de grande interesse no contexto da exploração e possível aproveitamento dos recursos petrolíferos da bacia. Neste contexto, é interessante avaliar a capacidade potencial das comunidades microbianas residentes para responder a derrames acidentais de petróleo, que podem ter um enorme impacto no ambiente, como no caso do derrame de petróleo da Deepwater Horizon no Golfo do México. O objetivo do estudo aqui apresentado era avaliar a extensão desse potencial de remediação natural do Mar Vermelho. Os microcosmos de enriquecimento mostraram que, embora os taxa típicos de degradação de hidrocarbonetos não fossem detectáveis em águas pristinas, tornaram-se dominantes nas comunidades microbianas após o derrame de crude. Isto indica que os degradadores de hidrocarbonetos estão disseminados nas águas do Mar Vermelho e respondem ativamente aos hidrocarbonetos que podem ser libertados pela poluição antropogénica. Um aspeto interessante é a baixa abundância de genes e vias de degradação de hidrocarbonetos que encontrei em todos os conjuntos de dados metaganómicos analisados das nossas campanhas de amostragem, bem como de outros

campanhas de amostragem independentes. Os nossos dados mostram que a concentração de

Os hidrocarbonetos de petróleo são geralmente baixos no Mar Vermelho devido à ausência de eventos de poluição antropogénica maciça, como o naufrágio do Exxon Valdez no Alasca ou o Deepwater Horizon no Golfo do México. No entanto, verifiquei que existem mais genes associados à degradação de hidrocarbonetos em águas profundas do que em águas intermédias e superficiais. Este facto pode dever-se à presença de infiltrações de hidrocarbonetos, que podem ter favorecido a acumulação desses genes em profundidade. Outros factores responsáveis por uma maior abundância destes genes nas águas profundas do Mar Vermelho podem ser a lenta circulação da água nas águas profundas da bacia ou o facto de espécies químicas recalcitrantes de hidrocarbonetos poderem ser transportadas das águas superficiais para o mar profundo sob a forma de neve marinha.

4.5 Bibliografia

Barbato M, Scoma A, Mapelli F, De Smet R, Bnat IM, Daffonchio D, Boon N, Borin S, (2016) Os isolados hidrocarbonoclásticos de *Alcanivorax* apresentam diferentes respostas fisiológicas e de expressão ao n-dodecano. Front Microbiol 7:2056.

Bengtsson-PalmeJ, Hartmann M, Eriksson KM, Pal C, Thorell K, Larsson DGJ, Nilsson RH, (2015) metaxa 2: identificação melhorada e classificação taxonómica de rRNA de subunidades pequenas e grandes em dados metagenómicos. Mol Ecol Resour 15:1403-1414.

Beydoun ZR, (1989) Hydrocarbon prospects of the Red Sea - Gulf of Aden. J Pet Geol 12:125-144.

Beydoun ZR, Sikander AH, (1992) The Red Sea - Gulf of Aden: reassessment of hydrocarbon potential. Mar Pet Geol 9:474-485.

Bolger AM, Lohse M, Usadel B, (2014) Trimmomatic: um aparador flexível para dados de sequência Illumina. Bioinformática 30:2114-2120.

Buchfink B, Xie C, Huson DH, (2014) Alinhamento rápido e sensível de proteínas usando DIAMOND. Nat Methods 12:59-60.

Bunter MAG, Magid AEMA, (1989) The Sudanese Red Sea: 1. New developments in stratigraphy and petroleum-geological evolution. J Pet Geol 12:145-166.

Callahan BJ, Mcmurdie PJ, Rosen MJ, Han AW, Johnson AJ, Holmes SP, (2016) DADA2: inferência de amostra de alta resolução a partir de dados de amplicon. Nature methods 13: 581583.

Camilli R, Reddy CM, Yoerger DR, Van Mooy BA, Jakuba M V, Kinsey JC, McIntyre CP, Sylva SP, Maloney J V, (2010) Tracking hydrocarbon plume transport and biodegradation at Deepwater Horizon. Ciência 330:201-204.

Chase Z, Paytan A, Johnson KS, Street J, Chen Y, (2006) Input and cycling of iron in the Gulf of Aqaba, Red Sea. Global Biogeochem Cycles 20:1-11.

Cohen J, (1988) Statistical power analysis for the behaviour sciences. NY: Routledge Academic, NewYork.

DeSantis TZ, Hugenholtz P, Larsen N, Rojas M, Brodie EL, Keller K, HuberT, Dalevi D, Hu P, Andersen GL, (2006) Greengenes, uma base de dados de genes 16S rRNA verificados por quimera e uma bancada de trabalho compatível com ARB. Appl Environ Microbiol 72:5069-5072.

Fodelianakis S, Pitta P, Thingstad T, Kasapidis P, Karakassis I, Ladoukakis E, (2014) A adição de fosfato tem efeitos mínimos a curto prazo na comunidade bacterioplanctónica
Estrutura do Mar Mediterrâneo Oriental, pobre em P. Aquat Microb Ecol 72:98-104.

Gutierrez T, Singleton DR, Berry D, Yang T, Aitken MD, Teske A, (2013) Bactérias degradadoras de hidrocarbonetos enriquecidas pelo derrame de petróleo da Deepwater Horizon identificadas por cultivo e DNA-SIP. ISME J 7:2091-104.

Haroon MF, Thompson LR, Parks DH, Hugenholtz P, Stingl U, (2016) Um catálogo de 136 projectos de genomas microbianos de metagenomas do Mar Vermelho. Sci Data 3:160050.

Hazen TC, Dubinsky EA, DeSantis TZ, Andersen GL, Piceno YM, Singh N, Jansson JK, Probst A, Borglin SE, FortneyJL, Stringfellow WT, Bill M, Conrad ME, Tom LM, Chavarria KL, Alusi TR, Lamendella R, Joyner DC, Spier C, Baelum J, Auer M, Zemla ML, Chakraborty R, Sonnenthal EL, D'haeseleer P, Holman HY, Osman S, Lu Z, Van Nostrand JD, Deng Y, Zhou J, Mason OU, (2010) Deep-sea oil plume enriches indigenous oildegrading bacteria. Science 330:204-208.

Henni A, (2017) Red Sea: The Middle East's Untapped Oil, Gas Region (Mar Vermelho: a região de petróleo e gás inexplorada do Médio Oriente). Sítio Web da revista E&P, http://www.epmag.com/red-sea-middle-easts-untapped- oil-gas- region-1585061#p=1.

Hume WF, (1920) Preliminary geological report on the Gebel Tanka area. Imprensa do Governo.

Jean-Baptiste P, Fourre E, Metzl N, Ternon JF, Poisson A, (2004) Red Sea deep water circulation and ventilation rate deduced from the He-3 and C-14 tracer fields. J Mar Syst 48:37-50.

Kim J, Kim MS, Koh AY, Xie Y, Zhan X, (2016) FMAP: Mapeamento funcional e pipeline de análise para estudos metagenómicos e metatranscriptómicos. BMC Bioinformatics 17:420.

Klindworth A, Pruesse E, Schweer T, Peplies J, Quast C, Horn M, Glockner FO, (2013) Avaliação de primers gerais de PCR do gene de RNA ribossómico 16S para estudos de diversidade clássicos e baseados em sequenciação de nova geração. Nucleic Acids Res 41:e1.

Mapelli F, Scoma A, Michoud G, Aulenta F, Boon N, Borin S, Kalogerakis N, Daffonchio D, (2017) Biotechnologies for marine oil spill cleanup: indissoluble ties with microorganisms. Trends Biotechnol 35:860-870.

Maregsin R, Labbe D, Schinner F, Greer CW, Whyte LG, (2003) Characterisation of hydrocarbon-degrading microbial populations in contaminated and pristine Alpine soils. Appl Environ Microbiol 69(6):3085-92.

Miller AR, Densmore CD, Degens ET, HathawayJC, Manheim FT, McFarlin PF, Pocklington R, Jokela A, (1966) Hot brines and recent iron deposits in deeps ofthe Red Sea. Geochim Cosmochim Ata 30:341-359.

Morris RM, Rappe MS, Connon SA, Vergin KL, Siebold WA, Carlson CA, Giovannoni SJ, (2002) SAR11 clade dominates ocean surface bacterioplankton communities. Nature 420:806-810.

Mustafa GA, Abd-Elgawad A, OufA, Siam R, (2016) O microbioma costeiro do Mar Vermelho egípcio: Um estudo que revela respostas microbianas diferenciais a vários poluentes antropogénicos. Environ Pollut 214:892-902.

Parks DH, Tyson GW, Hugenholtz P, Beiko RG, (2014) STAMP: análise estatística de perfis taxonómicos e funcionais. Bioinformática 30:3123-3124.

Scoma A, Barbato M, Hernandez-Sanabria E, Mapelli F, Daffonchio D, Borin S, Boon N, (2016a) Microbial oil-degradation under mild hydrostatic pressure (10 MPa): which pathways are impacted in piezosensitive hydrocarbonoclastic bacteria? Sci Rep 6:23526.Scoma A, Yakimov MM, Boon N, (2016b) Desafiando a biorremediação do petróleo à pressão hidrostática do mar profundo. Front Microbiol 7:1023.

Scoma A, Barbato M, Borin S, Daffonchio D, Boon N, (2016c) Uma resposta metabólica deficiente à pressão hidrostática explica a distribuição registada de *Alcanivorax borkumensis* na coluna de água marinha profunda. Sci Rep 6:31316.

Scoma A, Yakimov MM, Daffonchio D, Boon N, (2017) Capacidade de auto-cura de ecossistemas de águas profundas afectados por hidrocarbonetos de petróleo: Compreender a degradação microbiana do petróleo em infiltrações de hidrocarbonetos é fundamental para protocolos de biorremediação sustentáveis. EMBO Rep. 18(6):868-872.Stahl DA, de la TorreJR, (2012) Physiology and Diversity of Ammonia-Oxidising Archaea. Annu Rev Microbiol 66:83-101.

Sunagawa S, Coelho LP, Chaffron S, Kultima JR, Labadie K, Salazar G, Djahanschiri B, Zeller G, Mende DR, Alberti A, Cornejo-Castillo FM, Costea PI, Cruaud C, D'Ovidio F, Engelen S, Ferrera I, Gasol JM, Guidi L, Hildebrand F, Kokoszka F, Lepoivre C, Lima-Mendez G, Poulain J, Poulos BT, Royo-Llonch M, Sarmento H, Vieira-Silva S, Dimier C, Picheral M, Searson S, Kandels-Lewis S; Coordenadores de Tara Oceans, Bowler C, de Vargas C, Gorsky G, Grimsley N, Hingamp P, ludicone D, Jaillon O, Not F, Ogata H, Pesant S, Speich S, Stemmann L, Sullivan MB, Weissenbach J, Wincker P, Karsenti E, Raes J, Acinas SG, Bork P, (2015) Ocean Plankton. Estrutura e função do microbioma oceânico global. Science 348:1261359.Thisse Y, Guennoc P, Pouit G, Nawab Z, (1983) The Red Sea: a natural geodynamic and metallogenic laboratory. Episodes 3:3-9.

Ting CS, Rocap G, KingJ, Chisholm SW, (2002) Cyanobacterial photosynthesis in the oceans: the origins and significance of divergent light-harvesting strategies. TendênciasMicrobiol 10:134-142.

Valentine DL, KesslerJD, Redmond MC, Mendes SD, Heintz MB, Farwell C, Hu L,

Capítulo 5

Conclusão

O objetivo desta tese foi caraterizar o microbioma da coluna de água do Mar Vermelho em relação às caraterísticas únicas desta bacia e, em particular, em relação à poluição por hidrocarbonetos. O Capítulo 1 fornece uma visão geral das caraterísticas físico-químicas do Mar Vermelho que o tornam bastante único em comparação com outras massas de água (por exemplo, temperatura, salinidade, oligotrofia e hidrologia). É igualmente dada ênfase às fontes de poluição por hidrocarbonetos na bacia, quer geogénicas quer antropogénicas, com uma descrição geral dos hidrocarbonetos petrolíferos, incluindo as suas propriedades químicas, o seu papel como fonte de carbono no ambiente aquático e o risco potencial associado aos derrames de petróleo. Em seguida, apresenta-se o que se sabe sobre a diversidade microbiana da bacia, através de estudos metagenómicos ou baseados em culturas, mostrando que se conhece muito pouca informação sobre a diversidade microbiana no Mar Vermelho, particularmente longe das costas. Devido à relativa falta de conhecimento sobre os micróbios do Mar Vermelho e ao risco crescente de potencial poluição ambiental, é necessário estudar os microrganismos degradadores de hidrocarbonetos desta bacia. Por último, é apresentada a relação entre os hidrocarbonetos de petróleo e o microbioma da água do mar, incluindo exemplos de vias de degradação metabólica que foram amplamente estudadas nos últimos anos durante os derrames de petróleo, como o incidente da Deep Water Horizon no Golfo do México.

Nos dois capítulos seguintes (capítulos 2 e 3), a atenção centra-se em novos tipos de
Isolamento de degradadores de hidrocarbonetos utilizando a água do Mar Vermelho e o óleo leve da Arábia. Foram colhidas amostras da coluna de água do Mar Vermelho, o que permitiu o estabelecimento de culturas de enriquecimento em microcosmos com óleo leve da Arábia como única fonte de carbono e, subsequentemente, foi estabelecida uma coleção representativa de isolados que descrevem o potencial de degradação de hidrocarbonetos do Mar Vermelho. Uma nova espécie do género *Alcanivorax* (*Alcanivorax marisrubri*) foi obtida a partir desta coleção (Capítulo 2). Este género já inclui 12 espécies, todas elas com capacidade para degradar hidrocarbonetos, especialmente n-alcanos. A caraterização fenotípica e genómica em comparação com outros membros do género revelou que *Alcanivorax marisrubri* é uma nova espécie. São necessários mais estudos para compreender em pormenor as caraterísticas específicas de *Alcanivorax marisrubri*, mas os estudos fenotípicos mostraram que tem a capacidade de crescer em mais fontes de carbono (por exemplo, açúcares) do que outros membros do género.

Outra bactéria marinha interessante da coleção de bactérias acima referida é a *Thalassospira povalilytica*. O género *Thalassospira* foi descrito pela primeira vez no Mar Mediterrâneo em 2002, tendo sido identificadas até agora 12 espécies diferentes, incluindo a espécie originalmente isolada da Baía de Tóquio, no Japão. A descrição de *T. povalilytica* do Mar Vermelho e a comparação com outras *T. povalilytica* foi de particular interesse, uma vez que o género *Thalassospira* tem ecótipos específicos, dependendo da profundidade da coluna de água a partir da qual foram isoladas (Lai *et al.*, 2014). Foram isoladas duas *T. povalilytica* da mesma estação do Mar Vermelho a
diferentes profundidades (THA29 a 5 m e THA68 a 1000 m). Através da genómica comparativa
O meu objetivo foi avaliar o potencial de degradação de hidrocarbonetos de várias estirpes de *T. povalilytica* de diferentes bacias hidrográficas (Mar Vermelho, Oceano Pacífico e Mar

da China). A análise revelou que os genomas das diferentes estirpes não diferem significativamente, apesar da sua ampla distribuição geográfica. No entanto, encontrei algumas diferenças genómicas entre as estirpes que poderiam indicar uma adaptação ao ambiente específico de origem. Por exemplo, os isolados do Mar Vermelho são os únicos que possuem genes nos seus genomas para o transporte de glicina/betaína, um osmoprotector que pode estar envolvido na adaptação à elevada salinidade do Mar Vermelho.

No quarto capítulo, analisei o potencial de degradação natural de hidrocarbonetos do microbioma na coluna de água do Mar Vermelho. Utilizei abordagens dependentes e independentes do cultivo. As culturas de enriquecimento com óleo leve da Arábia como única fonte de carbono, utilizando água pura como inóculo, mostraram que a exposição aos hidrocarbonetos do petróleo favoreceu o crescimento de taxa típicos de degradação de hidrocarbonetos, como *Marinobacter*, *Alcanivorax*, *Chromohalobacter* e *Erythrobacter*, que só foram detectados em abundância muito baixa (inferior a 5% do total de genes 16S rRNA bacterianos) na água pura. A pesquisa de vias metabólicas conhecidas para a degradação de hidrocarbonetos em diferentes conjuntos de dados metagenómicos de águas pristinas amostradas em diferentes áreas da latitude do Mar Vermelho mostrou que estas vias metabólicas estão geralmente representadas em baixa abundância. No entanto, encontrei uma proporção estatisticamente mais elevada de genes de degradação de hidrocarbonetos em profundidade do que nas águas superficiais do Mar Vermelho. Em conjunto, estes dados sugerem que: 1) embora os procariotas degradadores de hidrocarbonetos representem apenas uma fração muito pequena da comunidade total, como indicado pelos dados metagenómicos e metataxonómicos funcionais, o potencial natural para degradar hidrocarbonetos está presente e pode ser usado para combater hipotéticos derrames de petróleo no futuro; 2) as águas profundas do Mar Vermelho podem estar mais expostas a hidrocarbonetos de petróleo do que as águas superficiais, apoiando a maior prevalência observada de genes degradadores de hidrocarbonetos nos conjuntos de dados do mar profundo. Este resultado deixa margem para a formulação de hipóteses sobre a origem desta exposição potencialmente mais elevada aos hidrocarbonetos. Por exemplo, os hidrocarbonetos podem ter origem em gotículas de óleo que se afundam da superfície com a neve marinha ou em plumas de óleo libertadas de poças e piscinas de salmoura, que são relativamente comuns no fundo do Mar Vermelho (Antunes *et al.* 2011; Passow *et al.*, 2016).

Os dados apresentados confirmaram o chamado "paradoxo Alcanivorax" (Mapelli *et al.*, 2017), que surgiu após a repetida incapacidade de detetar assinaturas de Alcanivorax na pluma profunda após o derrame de petróleo DWH no Golfo do México (Gutierrez *et al.*, 2013). Embora *a Alcanivorax* seja uma das bactérias degradadoras de petróleo que florescem mais rapidamente após derrames de petróleo, não foi detectada de forma consistente na pluma profunda do DWH. Este paradoxo foi explicado pela incapacidade da *Alcanivorax* de crescer sob pressão hidrostática superior a 5 MPa (Scoma *et al.*, 2016a; Scoma *et al.*, 2016b). À semelhança do Golfo do México, a abundância de *Alcanivorax* nas culturas de enriquecimento em petróleo leve da Arábia extraído das águas profundas do Mar Vermelho foi significativamente inferior a os das águas de superfície.

5.1 Bibliografia

Antunes A, Ngugi DK, Stingl U, (2011) Microbiologia dos lagos de salmoura anóxica de profundidade do Mar Vermelho (e outros). Environ Microbiol Rep 4:416-433.

Gutierrez T, Singleton DR, Berry D, Yang T, Aitken MD, Teske A, (2013) Bactérias degradadoras de hidrocarbonetos enriquecidas pelo derrame de petróleo da Deepwater

Horizon identificadas por cultivo e DNA-SIP. ISME J 7:2091-2104.

Lai Q, Liu Y, Yuan J, Du J, Wang L, Sun F, Shao Z, (2014) Análise de sequência multilocus para avaliação da diversidade filogenética e biogeografia em bactérias *Thalassospira* de diversos ambientes marinhos PLoS One 9:e106353.

Mapelli F, Scoma A, Michoud G, Aulenta F, Boon N, Borin S, Kalogerakis N, Daffonchio D, (2017) Biotechnologies for Marine Oil Spill Cleanup: Indissoluble Ties with Microorganisms. Trends Biotechnol 35:860-870.

Scoma A, Barbato M, Borin S, Daffonchio D, Boon N, (2016a) Uma resposta metabólica deficiente à pressão hidrostática explica a distribuição registada de *Alcanivorax borkumensis* na coluna de água marinha profunda. Sci Rep 6:31316.

Scoma A, Barbato M, Hernandez-Sanabria E, Mapelli F, Daffonchio D, Borin S, Boon N, (2016b) Microbial oil-degradation under mild hydrostatic pressure (10 MPa): which pathways are impacted in piezosensitive hydrocarbonoclastic bacteria? Sci Rep 6:23526.

Passow U, (2016) Formação de neve marinha associada ao petróleo, que se afunda rapidamente. Deep-Sea Res II 21;8:676.

Índice

yes I want morebooks!

Buy your books fast and straightforward online - at one of world's fastest growing online book stores! Environmentally sound due to Print-on-Demand technologies.

Buy your books online at
www.morebooks.shop

Compre os seus livros mais rápido e diretamente na internet, em uma das livrarias on-line com o maior crescimento no mundo! Produção que protege o meio ambiente através das tecnologias de impressão sob demanda.

Compre os seus livros on-line em
www.morebooks.shop

Printed by Books on Demand GmbH, Norderstedt / Germany